AF479882

LE
BOTANISTE
FRANÇOIS,
TOME SECOND.
MANUEL
D'HERBORISATION.

LE
BOTANISTE
FRANÇOIS,
OU
MANUEL
D'HERBORISATION.

Par M. BARBEU DUBOURG.

O fortunatos nimium sua si bona norint ! Virg. Georg.

TOME SECOND.

A PARIS,

Chez LACOMBE, Libraire, Quai de Conti.

M. DCC. LXVII.

Avec Approbation, & Privilége du Roi.

PLANTES

QUI SE TROUVENT
AUX ENVIRONS DE PARIS.

CLASSE PREMIERE.

SECTION PREMIERE.

MARGRITE.

FLEUR radiée (ou composée de plusieurs fleurons au disque, & de plusieurs demi-fleurons à l'auréole)

Calice écailleux, embriqué ; écailles intérieures terminées par une pellicule ovale, lâche, transparente.

Placenta pointillé, convexe, nud.

Semences oblongues, à tête nue.

1. Margrite vulgaire, à auréole blanche, feuilles embrassantes, oblongues,

dentées en ſcie. *Leucanthemum.* Vivace.

* Tige velue , blanchâtre.

2. Orſleur, à fleur jaune, feuilles embraſſantes , déchiquetées vers le haut ,
dentées en ſcie vers le bas. *Chryſan-
themum.* Annelle.

A Meudon.

* Feuilles bleuâtres , fort découpées.

* Feuilles bleuâtres, ſans découpures.

VERGEDOR.

Fleur radiée ; pluſieurs fleurons ,
cinq à ſix demi-fleurons.

Calice oblong ; écailles étroites ,
pointues , embriquées.

Placenta ras, aplati.

Semences couronnées d'une aigrette
de poils fins.

„ Fleurs en épi, le long des tiges &
„ des branches.

1. Vergedor, à tige anguleuſe, fleurs
droites , feuilles larges. *Virga aurea.*
Viv.

MILFEUILLE.

Fleur radiée ; beaucoup de fleurons, cinq à dix demi-fleurons.

Calice oblong , écailles embriquées.

Placenta chargé de balles élancées.

Semences bordées d'un petit feuillet en ourlet.

» Fleurs en bouquets.

1. Milfeuille, à tige fillonée, feuilles empennées, pinnules déchiquetées en lanieres fines & pointues, fleur blanche. *Millefolium.* Viv.

* Fleur purpurine.

2. Eternuete, à feuilles longues dentées en fcie très fine, fleur blanche. *Ptarmica.* Viv.

A Gentilly.

MATRICAIRE

Fleur radiée.

Calice long , écailles embriquées, longues & étroites ; celles des bords folides, terminées en pointe.

Placenta nud , convexe.

Semences oblongues , à tête nue.

(*A*)

„ Fleurs en bouquets.

1. Matricaire , à feuilles découpées en plufieurs fegmens reçoupés. *Matricaria*. Bifannuelle.

A Meudon.

* Fleur double.

(*B*)

Placenta conique.

„ Fleurs folitaires.

2. Camomille commune , à feuilles découpées très menu, rayons de la fleur évafés , écailles du calice à bords ternes, tige rougeâtre. *Chamæmelum*. Ann.

* Fleur double.

ANTEMIDE.

Fleur radiée , rayons blancs.

Calice en cupule de gland , écailles longues & étroites.

Placenta conique , chargé de balles.

Semences à tête nue.

„ Fleurs folitaires.

1. Antemide noble. Camomille-Ro-
maine, à feuilles aîlées, ailerons pointus, velus. *Chamæmelum.* Viv.

A Verrieres.

2. Antemide champêtre, à semences
bordées. *Chamæmelum.* Viv.

A Vaugirard.

3. Antemide mixte, à feuilles simples, dentées, déchiquetées. *Chamœ-
melum.*

A Châtres.

M A R O U T E.

Fleur radiée.

Calice en cupule de gland, écailles
longues & étroites.

Placenta conique, chargé de balles
soyeuses.

Semences à tête nue.

» Fleurs solitaires.

1. Maroute fétide, à tige couchée,
feuilles découpées en lanieres fines.
Chamæmelum. Ann.

PACRETE.

Fleur radiée.

Calice simple, évasé, & découpé en dix à vingt languetes, sur deux rangs.

Placenta ras, conique.

Semences en cœur, bordées d'un ourlet.

» Feuilles unies, ou un peu dentées.

1. Pacrete, à hampe nue, portant une seule fleur. *Bellis*. Viv.

A Versailles.

* Fleur semidouble.

DORONIC.

Fleur radiée.

Calice évasé, & découpé en une vingtaine de languetes longues, sur deux rangs.

Placenta ras, plat.

Semences cannelées, & couronnées d'une aigrette de poils.

1. Doronic, à rameaux alternes, feuil-

les ovales, pointues. *Doronicum.* Viv.

A Saint-Germain.

JACOBÉE.

Fleur radiée.

Calice conique, oblong, découpé en plusieurs lanieres, & ordinairement enchaffé dans une efpece de calote, ou de chaton à claire voie, formé de quelques languetes à bec mort.

Placenta ras & plat.

Semences couronnées de poils.

(*A*)

1. Jacobée vulgaire, à tige droite, feuilles en lire, découpées en aîles, & recoupées menu. *Jacobæa.* Viv.

A Meudon.

* feuilles larges.

2. Jacobée ferulete, à fleurs en corimbe, feuilles découpées & recoupées. *Jacobæa.*

A Marcouffi.

3. Jacobée des marais, à fleurs en corimbe, tige ferrée, feuilles blanchâ-

tres, longues, dentées en scie. *Jacobæa.*

A Saint Cloud.

4. Jacobée Roquefeuille, à tige ferme, feuilles découpées en aîles, &
dentées. *Jacobæa.*

A Meudon.

(B)

Auréole de demi fleurons fort courts,
& roulés en deſſous.

5. Jacſone des bois, à fleurs en corimbe, tige droite, feuilles découpées
en aîles, & dentées. *Jacobæa.*

A Meudon.

* Feuilles larges.

6. Jacſone viſqueuſe, à calice lâche,
feuilles gluantes, découpées en aîles.
Jacobæa.

A Meudon.

C E N D R I O T T E.

Fleur radiée.

Calice ſimple, de pluſieurs feuillets
égales.

Placenta ras, plat.

Semences grêles, quarrées, couronnées d'une aigrette de poils, fort touf-
fue.

1. Cendriote hélenite, à feuilles oblongues, velues, fleurs en forme d'ombelle , avec une collerete soyeuse.
Odeur de miel. *Jacobœa. Aster.*

A Montmorency.

2. Cendriote maritime , à tige d'ar-
buste, feuilles cotoneuses, découpées en
aîles , pinnules ondées , fleurs en panicule. *Jacobœa.*

Au Calvaire.

Souci.

Fleur radiée.

Calice découpé en une quinzaine de
rayons.

Placenta ras , plat.

Semences du disque avortant ordinairement, semences de l'auréole courbes , à dos crêté , ou chagriné.

Çaltha. Ann.

V E R G E R O N.

Fleur radiée. Demi-fleurons étroits.
Calice oblong, écailles en alene,
embriquées.
Placenta ras.
Semences couronnées d'une longue
aigrete.

1. Vergeron âcre, à fleurs gris de
lin, calice velu. *After*.

2. Vergeron à odeur forte, feuilles
élancées, entieres, rameaux latéraux
fort chargés de fleurs, calice rude. *Virga aurea*.

A Versailles.

3. Vergeron de Canada, à fleurs en
panicule, de couleur citrine, claire,
feuilles étroites, oblongues, velues.
Virga aurea.

E N U L E,

Fleur radiée, fort large, jaune.
Calice embriqué, évasé, écailles lâ-

ches, les extérieures plus grandes.

Placenta ras, plat.

Semences quarrées, couronnées de poils.

Anteres en cylindre, à dix soyes.

» Fleurs fur la cime.

» Feuilles alternes.

1. Enule campane. Aunée, ridée, à feuilles ovales, velues en deffous, embraffantes, écailles du calice ovales. *After.* Viv.

A Marcouffy.

2. Enule tonique, à tige velue, feuilles oblongues en cœur, cotoneufes en deffous, embraffantes, fleurs en pannicule, calice cotoneux en forme de baffin, écailles très étroites. *After.* Viv.

3. Enule pulicaire, à tige couchée, feuilles ondées, embraffantes, fleurs rondes. *After.* Ann.

4. Enule falicine, à tige liffe, un peu cannelée, feuilles élancées, affifes, liffes, dentées en fcie, & les dents

terminées par des cils crochus. *After.*
Viv.

A Seve.

5. Énule hérissée, à feuilles élancées,
retournées, rudes, assises; calice comme feuillé. *After.* Viv.

A Saint-Maur.

6. Enule Britannique, à tige droite,
rameuse, velue, feuilles embrassantes,
élancées, dentées en scie, velues en
dessous. *After.*

A Meudon.

TUSSILAGE.

Fleur radiée, composée de fleurons,
& de quantité de demi-fleurons non
découpés.

Calice découpés en quinze ou vingt
languettes.

Placenta ras.

Semences couronnées de poils.

» Les feuilles ne viennent qu'après
» les fleurs.

1. Tussilage Pasdane, à feuilles taillées

presqu'en cœur, anguleuses, dentées ;
une fleur seule sur une hampe écailleuse. *Tussilago*. Viv.

SECTION II.

Fleurs à fleurons.

BARDANE.

Fleur en houpe, composée de plusieurs fleurons.

Calice rond, écailles embriquées,
élancées, à bec terminé en hameçon.

Placenta herissé de pailletes.

Semences rayées, chagrinées, &
couronnées de poils.

» Feuilles échancrées en cœur à leur
base.

1. Bardane Glouteron, à tête lisse.
Lappa. Bisann.

A Hieres.

* Tête cotoneuse.
* Fleur blanche.

C H A R D O N.

Fleur en houpe, compofée de quantité de fleurons recourbés, taillés irrégulierement.

Calice renflé, embriqué, nombre d'écailles élancées, & à bec piquant.

Placenta plat, hériffé de poils.

Semences en coin, couronnées d'une aigrette.

» Tige feuilletée.

1. Chardon-marie, à feuilles embraffantes, liffes, tachetées de blanc, en fer de pique, aîlées, piquantes, calice à écailles en bec de lampe, bords & bec piquants. *Carduus.* Ann.

2. Chardon élancé, velu, à feuilles courantes, découpées en plume, dentelures & faces piquantes ; calice ovale, piquant, velu. *Carduus.* Bifann.

* Fleur rouge, aigrette de plumes.

* Fleur blanche.

3. Chardon cotoneux, à feuilles un peu courantes, fendues en plume à

double fens, dentelures & faces piquantes, tête ronde, calice cotoné, aigrete de plumes, chapiteau de feuilles à la bafe de la fleur. *Carduus*. Bifann.

A Ivry.

4. Chardon pendeloque, à feuilles un peu courantes, ondées, piquantes, tête ronde, fleurs rouges, une à une, penchées, écailles à bec évafé, femences liffes, aigrette de poils. *Carduus*. Bifann.

* Fleur blanche.

A Saint - Maur.

5. Chardon crépu, à feuilles courantes, ondées, piquantes, fleurs terminantes, penchées, réunies, écailles du calice piquantes. *Carduus*. Ann.

A Lagny.

6. Chardon fort épineux, à feuilles courantes, ondées, à bords piquants, fleurs folitaires, droites, écailles du calice velues, peu piquantes. *Carduus*. Ann.

A Charantoneau.

PEDANE.

Fleur en houpe, composée de quantité de fleurons.

Calice renflé, grand nombre d'écailles embriquées, à bec piquant.

Placenta chargé d'alvéoles membraneuses.

Semences oblongues, chagrinées, couronnées d'une brosse de poils.

» Tige feuilletée.

» Feuilles ondées, ovales, oblongues, piquantes.

1. Pedane, à tige cotoneuse, fleur rouge. *Carduus*. Bisann.

Au Boulevard.

* Fleur incarnate.
* Feuilles toutes vertes.

CIRSION.

Fleur en houpe, composée de plusieurs fleurons recourbés.

Calice renflé, écailles nombreuses

en recouvrement , élancées , & bequées d'un aiguillon peu piquant.

Placenta hériffé de poils.

Semences liffes , couronnées d'une aigrette de plumes.

1. Cirfion fans tige. Herbe aux varices, à bec des écailles liffe , mollaffe , évafé. *Cirfium*. Viv.

* Fleur rouge.

* Fleur blanche.

2. Cirfion difféqué , à tige haute , feuilles courantes , élancées , dentées , fans piquans , écailles un peu piquantes. *Cirfium*. Viv.

A Seve.

3. Cirfion des marais , à feuilles courantes , très étroites , dentées , & très piquantes , fleurs rouges , en grape droite. *Cirfium*. Viv.

* Fleur blanche , penchée.

4. Cirfion découpé , à tige droite, feuilles d'en bas déchiquetées , celles d'en haut entieres , fleur jaunâtre. *Cnicus*.

A Montmorency, dans les prés humides.

*Fleur rouge.

SARRETTE.

Fleur en houpe, composée de plusieurs fleurons arqués.

Calice oblong, un peu renflé, écailles embriquées, élancées, pointues, sans piquans.

Placenta hérissé de poils.

Semences ovales, couronnées d'une aigrette de poils.

1. Sarrete des teinturiers, à feuilles en lire, découpées en plumes, dentées en scie, segment impair fort allongé. *Jacea*. V iv.

A Ruel.

*Fleur rougeâtre.

*Fleur blanche.

*Tige très haute, feuilles élancées, dentées en scie.

2. Sarrete hémorroïdale. Chardon

hémorroïdal , à feuilles élancées, den-
tées , épineuſes. *Cirſium.* Viv.
   * Fleur blanche.
   * Fleur prolifere.
   * Tige tuberculeuſe.

QUENOUILLETE.

Fleur en houpe, compoſée de pluſieurs fleurons.

Calice ovale , nombre d'écailles
embriquées, terminées par une feuillete bordée de piquans foibles.

Placenta hériſſé de poils.

Semences couronnées.

1. Quenouillete douillete, à feuilles
ſans piquans, celles d'en bas dentées ,
celles d'en haut découpées en aîles ,
fleur bleue, aigrette de poils. *Cnicus.*

A la Ferté-Alais.

2. Quenouillete laineuſe. Chardon
béni des Pariſiens , à feuilles d'en haut
embraſſantes, celles d'en bas découpées
en aîles , dentées finement ; fleur jaune,

tige chargée de filasse, couronne antique. *Cnicus.* Ann.

CARLINE.

Fleur en houpe, composée de fleurons.

Calice renflé, embriqué, à deux rangs d'écailles, dont le pureau est terminé par une feuillete bordée de piquans. Le rang intérieur & supérieur de ces écailles, est coloré, & forme une couronne rayonnante.

Placenta plat, hérissé de balles barbues.

Semences couronnées d'une aigrete de plumes.

1. Carline vulgaire, à fleurs en corimbe terminant. *Carlina.* Bisann.

A Meudon.

* Tige monstrueusement large.

CHAUSSETRAPE.

Fleur en houpe, à auréole, composée de quantité de fleurons.

Calice arrondi, écailles en recouvrement, armées de piquans en rayons d'étoiles.

Placenta hériffé de poils.

1. Chauffetrape étoilée. Chardon étoilé, à calice armé de piquans en rayons fimples, feuilles très étroites, découpées en aîles, fleur rouge. *Carduus ftellatus.* Ann.

A Saint-Maur.

* Fleur blanche.

* Feuilles fimples, dentées en fcie.

2. Chauffetrape folfticiale, à calice armé de piquans en rayons fourchus, feuilles élancées, courantes fur la tige, celles d'en bas en lire, découpées en aîles, ailerons en fer de pique, fleur jaune. *Carduus ftellatus.* Ann.

A Vaugirard.

J A C É E.

Fleur en houpe, compofée de plufieurs fleurons.

Calice arrondi, écailles embriquées, frangées, bordées de cils.

Placenta hériffé de foyes.

(A)

1. Jacée des prés, à calice déchiqueté, rameaux anguleux, feuilles élancées, celles d'en bas ondées, & dentées, fleur rouge. *Jacea.* Viv.

* Fleur blanche.

* A tige baffe, feuilles découpées en aîles, ailerons élancées, calice bordé de cils arrondis, femences aigretées.

A Seve.

* Feuilles cotoneufes.

A Seve.

2. Jacée brune, à calice bordé de cils foyeux, ovales, épanouis. *Jacea.*

A Saint Germain.

3. Jacée frigienne, à calice bordé de cils foyeux, recourbés, feuilles entieres. *Jacea.* Viv.

A Verfailles.

N. B. La pluie fait redreffer les cils.

* Feuilles fort découpées.

(B)

Fleur composée de fleurons très iné-gaux, qui la font paroître radiée.

Semences couronnées d'une aigréte de foyes.

4. Bluet. Barbeau. Caffelunete. Au-bifoin, à feuilles très-étroites, celles d'en bas dentées, celles d'en haut unies, fleur bleue, calices dentés en fcie. *Cya-nus.* Ann.

* Fleur gris de lin.
* Fleur pourpre foncé.
* Fleur incarnate.
* Fleur blanche.

SENEÇON.

Fleur en difque, compofée de fleu-rons.

Calice oblong, rayé, découpé en la-nieres, & ordinairement renforcé à fa bafe de quelques languetes à bec mort, qui forment une calote, ou chaton à claire voie.

Placenta ras, plat.

Semences couronnées de longs crins.

« Le calice se renverse à maturité.

1. Seneçon vulgaire, à feuilles ondées, empennées, embrassantes, fleurs éparses. *Senecio*. Ann.

E U P A T O I R E

Fleur en disque, composée de plusieurs fleurons.

Calice oblong, écailles étroites, élancées, embriquées.

Stiles très longs.

Placenta ras.

Semences oblongues, couronnées d'une aigrette de plumes.

1. Eupatoire cannabine. Eupatoire d'Avicenne, à feuilles en main ouverte, fleurs rouges, quatre à quatre. *Eupatorium*. Viv.

A Seve.

* Fleur blanche.

TANESIE.

T A N E S I E.

Fleur en difque, compofée de fleurons divers.

Calice rond, écailles embriquées.

Semences à tête nue.

Placenta ras, convexe.

„ Fleurs en bouquet terminant.

1. Tanefie vulgaire, à feuilles empennées, ailerons dentés en fcie, fleur jaune. *Tanacetum.* Viv.

F I L A G O N.

Fleur compofée de plufieurs fleurons de deux fortes.

Calice commun, relevé de cinq côtés, avec des pailletes en recouvrement.

Placenta nud en fon milieu.

Semences à tête nue.

1. Filagon Germanique. Herbe à coton, à tige droite, bifurquée, feuilles pointues, fleurs affifes, axillaires, arrondies, velues. *Filago.* Ann.

A Auteuil.

2. Filagon gallique, à tige droite, bifurquée, feuilles fort étroites, fleurs

très menues , axillaires. *Filago.*

3. Filagon des montagnes, à tige
droite , fourchue , feuilles très courtes,
fleurs pyramidales , aux aisselles & à
côté des feuilles. *Filago.* Ann.

A Auteuil.

4. Filagon des champs, à tige droite,
velue , fort ramifiée ; feuilles étroites ;
fleurs coniques, axillaires. *Filago.* Ann.

A R M O I S E.

Fleur composée de plusieurs fleurons,
& de quelques fleuretes demi-nues.

Calice oblong , écailles en recouvrement,

Placenta ras.

Semences à tête nue.

(*A*)

„ Fleurs disposées en épi lâche, le
„ long des tiges & des branches.

1. Armoise , à feuilles découpées en
aîles , & recoupées , cotoneuses en dessous, cinq fleuretes au pourtour ; fleurs
rougeâtre. *Artemisia.*

A Petit-Bourg.

* Fleur blanchâtre.

(B)

» Fleurs penchées.

2. Auronne champêtre, à tige couchée, feuilles découpées menu ; tige
rougeâtre. *Abrotanum.* Viv.

A Saint-Maur.

* Tige blanchâtre.

* Un peu odorante.

PETASITE.

Fleur en difque, compofée de fleurons, & fouvent de quelques fleuretes
nues.

Calice oblong, découpé en quinze
ou vingt lanieres, & garni à fa bafe de
quelques languetes, qui forment une
calote, ou chaton à claire voie.

Placenta ras.

Semences couronnées d'une aigrette
de poils fur une tigete.

1. Petafite. Herbe aux téigneux, à
hampe fimple, terminée par un tirfe de
fleurs, feuilles d'en bas échancrées à
leur bafe. *Petafites.* Viv.

A Lufarche.

B ij

MICROPE.

Fleur en difque, compofée de dix fleurons, & de cinq fleuretes nues au pourtour.

Calice de dix feuilletes inégales, en deux rangs.

Placenta nud en fon milieu.

Semences ovales, nichées entre les feuilletes du calice endurci.

1. Micrope plateau, à tige droite, fort ramifiée. *Filago.*

A Bondy.

BIDENT.

Fleur en difque, compofée de plufieurs fleurons divers.

Calice découpé en plufieurs lobes.

Placenta pointillé, & hériffé de balles.

Semences à tête cornue.

1. Bident penché. Tête cornue. Cornuet, à feuilles élancées, oppofées, em-

braffantes , fleurs penchées, femences droites , à dents fourchues. *Bidens.* Ann.

A Arcueil.

2. Bident triparti , à feuilles décou-pées en trefle , femences droites à dents fourchues , calice un peu feuillé , tige jaunâtre. *Bidens.* Ann.

Au Bois de Boulogne.

* Tige rougeâtre.

E L I C R I S E.

Fleur compofée de plufieurs fleurons, & ordinairement de quelques fleuretes nues.

Calice arrondi , écailles embriquées, pureau fec & brillant.

Placenta ras.

Semences couronnées d'une aigrete de poils.

» Feuilles alternes , entieres , fans queue.

1. Elicrife. Piéchat. Pied de chat , à

deux individus, tige très simple, sarmens couchés, terminés par un bouquet de fleurs rougeâtres.

* Fleurs blanches.

Individu mâle à fleurs arrondies. *Elichrysum.*

Individu femelle à fleurs oblongues.
Elichrysum. Viv.

2. Elicrise des bois, à tige très simple,
fleurs en épi lâche. *Elichrysum.* Bisann.

A Meudon.

3. Elicrise immortelle, à fleurs en
peloton, feuilles en lame d'épée, fort
cotoneuses, embrassant à demi la tige.
Elichrysum. Ann.

4. Elicrise. Orglaise, à tige éparpillée, terminée par des fleurs en tête
fort serrée, & garnie d'une fraise de
feuilles. *Elichrysum.* Ann.

CONIZE.

Fleur en disque, quantité de fleurons, & quelques fleuretes femelles au
pourtour.

Calice écailleux, embriqué, pointe des écailles écartée.

Placenta ras, plat.

Semences couronnées de poils.

» Feuilles alternes.

1. Conize rude, à haute tige, feuilles élancées, pointues, feuilles en corimbe, étamines longues. *Conyza.* Biſann.

BLONDINE.

Fleur en diſque, quantité de fleurons

Calice écailleux, embriqué, pointes des écailles du calice renverſées.

Placenta ras, plat.

Semences couronnées de poils.

1. Blondine - Linoſire, à feuilles en lacet, liſſes, fleurs à fleurons égaux. *Conyza.* Viv.

LAMPOURDE.

Deux ſortes de fleurs ſéparément ſur le même pied, les femelles au-deſ-ſous des mâles.

B iv

Fleurs mâles compofées.

Calice commun de plufieurs écailles embriquées.

Plufieurs fleurons.

Cinq étamines diftinctes.

Fleurs femelles gemelles.

Calice commun de deux feuilletes armées chacune de trois aiguillons crochus.

Baie feche, oblongue, recouverte & défendue par le calice adhérent.

Noyau à deux loges.

1. Lampourde, à tige nue, feuilles en cœur, à trois nervures. *Xanthium.* Ann.

A Saint Germain.

SECTION III.

Famille des Lactucées.

PICRIDE.

Fleur compofée de beaucoup de demi-fleurons entaffés, à cinq dents.

Double calice ; extérieur de cinq grandes feuilles ; intérieur embriqué, ovale.

Placenta ras.

Semences renflées, couronnées d'une aigrete de plumes.

1. Picride éperviere, à calice lâche, feuilles en fer de fleche, embraffantes, fleur jaune en deffus, rougeâtre en deffous. *Hieracium.* Viv.

A Saint Cloud.

2. Picride viperete, à fleur jaune en deffus, glacée de rouge en deffous ; calice extérieur de cinq feuilles, fort grand, calice intérieur de huit feuilletes, à cils ; le tout foutenu d'une touffe de feuilles florales, aigretes à pédicule. *Hieracium.* Ann.

A Saint Prix.

CREPILLÉ.

Quantité de demi-fleurons entaffés.

Calice ovale, filloné ; écailles étroites.

Autre calice extérieur, très court, peu durable.

Semences oblongues, en fuseau, couronnées d'une longue aigrete de poils sur une tigete.

Placenta ras.

» Le calice devient conique, à côte de melon.

(*A*)

1. Crépille biennale, à fleurs jaunes, solitaires, tige haute, feuillée, fistuleuse, feuilles découpées en aîles, denchées, rudes. *Hieracium.* Bisann.

A Saint-Maur.

(*B*)

Aigrete de plumes.

2. Fuselée de Dioscoride, à fleurs jaunes en dessus, lavées de purpurin en dessous, calice farineux, feuilles d'en bas denchées, celles de la tige en fer de pique (quelquefois découpées profondement). *Hieracium.* Ann.

3. Fuselée bellote, à fleurs en panni

cule, calice piramidal, lisse, feuilles en fer de fleche, dentées. *Chondrilla.* Ann.

A Saint-Maur.

4. Fusefée des toits, à tige lisse, feuilles assifes, élancées, denchées, celles d'en bas dentées. *Hieracium.* Ann.

5. Fusefée fétide, à petite fleur rougeâtre en dehors, jaune en dedans, feuilles denchées, velues, souvent découpées en plumes. Odeur de castoreum; d'amandes ameres. *Hieracium.* Ann.

PISSENLIT.

Fleur composée de quantité de demi-fleurons entassés, à cinq dents.

Calice oblong, à deux rangs d'écailles étroites, embriquées, dont les extérieures se retournent.

Placenta ras.

Semences chagrinées, à couronnes de poils, sur un long pédicule.

» Hampe simple.

(*A*)

1. Pissenlit officinal , à feuilles denchées , lisses , larges. *Dens Leonis.*
Viv.

　* Feuilles étroites.

(*B*)

Semences chagrinées , couronnées
d'une aigrete de plumes , presque sans
pédicule.

2. Liondent automnal , à tige ramifiée , nue , penchée, feuilles lisses, étroites , élancées , dentées. *Hieracium.*
Viv.

(*C*)

Calice ayant sa base garnie d'un châ-
ron.

Semences diverses , les unes couronnées de trois languetes membraneuses en trident , d'autres bordées d'un
feuillet & couronnées d'une étoile en-
tremêlée de poils , d'autres sans rebord feuilleté , mais couronnées de
même.

3. Balayete fétide , à hampes simples,

nues , fleurs folitaires, feuilles très étroites denchées , racine fétide. *Dens Leonis.* Viv.

A Vincenne.

(*D*)

Calice droit & ferme.

Semences en fufeau , portant immédiatement une couronne de plumes.

4. Houffoire , à tige très petite & très rude. *Dens Leonis.* Viv.

* A tige nue , qui fe ride , feuilles très petites , très rudes , & prefque piquantes.

A Montbauron.

* A tige nue , feuilles blanchâtres , fleur jaune avec un peu de brun en deffous.

A Seve.

L A P S E R E.

Fleur compofée de demi-fleurons fur un ou deux rangs.

Calice de dix écailles , & de quelques plus petites écailles à leur bafe.

Demi-fleurons à cinq dents.

Placenta ras.

Semences couronnées de pointes, ou de poils.

1. Lapfere à hampe nue, tige renflée près de la fleur. *Lampfana.*

L A M P S A N E.

Fleur compofée de quinze à feize demi-fleurons.

Calice anguleux, large, à deux rangs d'écailles, huit étroites, creufes, fix petites en recouvrement, à cinq dents.

Placenta ras.

Semences nues.

Le calice renflé embraffe les femences.

1. Lampfane commune, à pedicules grêles, très branchus. *Lampfana.*

* Feuilles rachetées de noir.

C H I C O R É E.

Fleur compofée d'une vingtaine de

demi-fleurons , chacun à cinq longues dents.

Calice à deux rangs d'écailles , huit longues , & cinq courtes.

Placenta chargé de balles.

Semence portant une couronne à cinq dents.

Le calice se referme sur les semences.

» Fleurs sans pédicules.

1. Chicorée officinale , à tige simple, feuilles ondées & denchées , fleurs bleues, deux à deux, assises. *Chicorium.* Viv.

A Saint-Maur.
* Fleur rouge.
* Fleur blanche.
* Tige large & plate.
A Meudon.
* Feuilles entieres.
* Feuilles panachées.
* Demi-fleurons frangés.
* Demi-fleurons déchiquetés.

PULMONIERE.

Fleur composée au moins de cinquante demi-fleurons, sur plusieurs rangs.

Calice découpé en quinze à vingt lanieres, qui forment de petites côtes, & accompagné à sa base de quelques languetes, le tout hérissé de poils noirs.

Placenta ras.

Semences noires, oblongues, couronnées d'une brosse de poils.

» Tige fistuleuse.

1. Pulmoniere. Pulmonaire des François, à tige branchue, feuilles ovales, très velues, dentées, fleur jaune. *Hieracium.*

A Boulogne.

* Feuilles déchiquetées, peu velues. A Saint-Germain.

* Feuilles étroites.

PORCELLE.

Fleur compofée de quantité de demi-fleurons entaffés, à cinq dents.

Calice renflé, écailles élancées, embriquées.

Placenta hériffé de languetes membraneufes.

Semences couronnées d'une aigrete
de plumes, fur un pédicule en alene.

1. Porcelle liffe, à tige nue, feuilles
ondées, liffes, oblongues, une feule
petite fleur à vingt ou trentè demi-
fleurons. *Hieracium*. Ann.

Aux Invalides.

2. Porcelle bulbeufe, à tige nue, rameufe, liffe, fiftuleufe, feuilles rudes, denchées, grande fleur à une centaine de demi-fleurons. *Hieracium*. An.

A Meudon.

3. Porcelle tachée, à tige peu garnie de feuilles, oblongues, dentées,
veloutées, fleurs grandes. *Hieracium*.
Viv.

A Saint-Lucien.

* Feuilles tachetées.

LAITRON.

Fleur compofée de quantité de demi-fleurons entaffés, à cinq dents.

Calice renflé, écailleux.

Placenta ras.

Semences oblongues, & furmontées d'une couronne de poils.

Le calice envelope les femences, & puis fe renverfe.

1. Laitron des jardins, à tige fort ramifiée, pédicule ordinairement cotoneux, feuilles déchiquetées, calice liffe. *Sonchus.* Ann.

* Feuilles peu découpées.
* Feuilles un peu rudes.
* Fleur blanche en dedans, rougeâtre en dehors.

2. Laitron des champs, à feuilles oblongues, denchées, velues, fleurs près à près, calice velu. *Sonchus.* Viv.

A Meudon.

3. Laitron des marais, à tige droite
& haute, feuilles denchées, à pointes
en fer de pique, fleurs près à près, calice velu. *Sonchus.* Viv.

A Montmorency.

LAITUE.

Fleur compofée de quantité de demi-
fleurons entaffés, à quatre ou cinq
dents.

Calice oblong, écailleux, embriqué.

Placenta ras.

Semences aplaties, couronnées d'une
aigrete de poils, fur une tigette taillée
en cheville.

Le calice envelope les femences.

1. Laitue fauvage, à feuilles hori-
zontales, carene hériffée de piquans,
fleur citrine, une vingtaine de demi-
fleurons fur deux rangs. *Lactuca.*

A Verfailles.

2. Laitue des Champs, à feuilles

droites, plus ou moins découpées en aîles, plus ou moins dentées, côtes piquantes. Fleur jaune en deſſus, gris de lin en deſſous, dix ou douze demi-fleurons. *Lactuca.*

A la Rapée.

3. Laitue vivace, à tige baſſe, feuilles étroites, découpées en aîles & dentées, fleur gris de lin, vingt à vingt-quatre demi fleurons. *Lactuca.* Viv.

A Compiegne.

* Fleur blanche.

S C O R S O N E R E.

Fleur compoſée de quantité de demi-fleurons entaſſés, un peu inégaux, à cinq dents.

Calice oblong, embriqué, une douzaine d'écailles, bords membraneux.

Placenta ras.

Semences en fuſeau, rayées, couronnées d'une aigrette de plumes.

Le calice envelope les ſemences.

Feuilles ayant au dos de longues nervures relevées.

1. Scorfonere des marais, à feuilles élancées, hampe à une feule fleur. *Scorzonera*. Bifann.

A Arcueil.

2. Scorfonere fubulée, à feuilles en alene, bafe de la tige velue, haut du pedicule renflé. *Scorzonera*.

A Fontainebleau.

3. Scorfonere déchiquetée, à feuilles très étroites, pointues, dentées, écailles pointues. *Scorzonera*. Bifann.

EPERVIETTE.

Fleur compofée de quantité de demi-fleurons entaffés, à cinq dents.

Calice épais, écailles difpofées en fpirale fur plufieurs lignes.

Placenta ras.

Semences couronnées d'une aigrette de poils.

Le calice envelope les femences.

» Tige dure, & branchue.

1. Eperviette des bois, à feuilles étroï-
tes, élancées, un peu dentées. *Hieracium.* Viv.

* Feuilles larges, dentées, lisses.
* Feuilles larges, velues.

A Montmorency.

P I L O S E L L E.

Fleur composée de beaucoup de demi-fleurons entassés, à cinq dents.

Calice un peu épais, plusieurs écailles longues & étroites.

Semences couronnées d'une aigrette
de poils.

Placenta ras.

Le calice se referme sur le fruit.

1. Pilosélle rameuse, à fléaux rampans, un peu velus, hampe nue, ramifiée, feuilles oblongues. *Hieracium.*
Viv.

A Fontainebleau.

2. Pilosélle rampante, à hampe

simple, feuilles ovales, velues. *Dens Leonis*. Viv.

* Feüilles moins velues.

CERSIFI.

Fleur composée de quantité de demi-fleurons entassés, à cinq dents, un peu inégaux.

Calice simple, découpé en huit feuilletes pointues.

Placenta nu, plat, rude.

Semences en fuseaux raboteux, rayés, courbés, couronnés d'une grande aigrete de plumes sur une tigete.

Le calice renflé envelope les semences.

„ Feüilles oblongües, avec des ner- „ vures paralleles à la côte.

1. Cersifi des prés. Barbe de bouc, à fleur jaune, longs calices. *Tragopogon* Bisann.

A Vaugirard.

* Fleur jaune - pale, calice barbu.

CONDRILE.

Fleur compofée de demi-fleurons, (environ onze), à quatre ou cinq dents.

Calice renflé, deux rangs d'écailles, les unes en grand nombre, longues & étroites, les autres en petit nombre, & très courtes.

Placenta ras.

Semences rudes, couronnées d'une aigrete de poils, fur une longue tigete en quille.

1. Condrille jonchée, à tige gluante. *Chondrilla.*

A Montrouge.

PENDRILLE.

Fleur compofée de quinze demi-fleurons, à quatre dents, en cercle.

Calice en tuyau, de cinq écailles, avec trois plus petites à fa bafe.

Placenta ras.

Semences

Semences couronnées de poils, ren-
fermées dans le calice.

    » Fleur pendante.

    1. Pendrille des murailles, à feuil-
les denchées, fleur jaune-pâle. *Chondrilla.*

    A Meudon.

CLASSE II,

SECTION PREMIERE,

Famille des Dipsacées.

ASTROCHEF.

FLEURS aggrégées, en boulon.
Corollete en tuyau, à cinq segmens.
Calice évasé.
Calicet couronné de cinq soies longues.
Placenta écailleux.
Cinq étamines.
Collerete simple.
Semence à aigrete de cinq soies.

1. Aſtrochef, à feuilles d'en bas ovales, celles d'en haut découpées en pinnules ſoyeuſes, fleur bleue. *Scabioſa.*

* Fleur rouge.
* Fleur blanche,
* Mineure,

SCABIEUSE.

Fleurs aggrégées, en boulon hémis-
férique.

Collerette découpée en rayons.

Placenta convexe, hériffé de balles.

Collerete en tuyau découpé, &
plongé inférieurement dans un chaton
oblong.

Calicet frangé, découpé en couronne
antique.

Semence fous la fleurete.

1. Scabieufe officinale, à tige &
feuilles velues, fleurs rayonnantes de
gloire, colleretes découpées en quatre,
Scabiofa. Viv.

* Feuilles fort découpées.

* Feuilles peu, ou point découpées.

* A grand calice dentelé.

A Viroflay.

2. Scabieufe-Remors, à rameaux
ferrés, feuilles ovales, élancées, velues, colleretes fendues en quatre. *Sca-*
biofa. Viv.

C ij

* Fleur bleue.

* Fleur blanche.

* Feuilles lisses.

C A R D E R E.

Fleurs aggrégées , en boulon.

Collerete de plusieurs feuilletes longues.

Placenta pyramidal, hérissé de pailletes, qui y forment des alvéoles pour les
fleurs.

Calicet peu apparent , à quatre pans,
persistant.

Corollete tubulée, découpée en quatre,

Semence couronnée du calice.

1. Cardere sauvage. Chardon à fou-
lon , à feuilles mâtées , dentées en scie,
fleurs en boulon oblong. *Dipsacus*. Bisann.

A Montmorency.

2. Cardere des pâtres , à fleurs en
boulon rond , feuilles à queue & oreilletes. *Scabiosa*. Bisann.

Section II.

Famille des Ombelliferes.

PANICAUT.

Fauſſe ombelle , ou boulon de fleuretes ſans pedicule.

Collerète de pluſieurs feuilletes longues.

Placenta conique , hériſſé de balles , qui ſéparent les fleuretes.

Fleurete : cinq pétales à pointes repliées.

Calicet de cinq feuilletes pointues.

Fruit ovale , formée de deux ſemences plaquées l'une contre l'autre.

1. Panicaut. Chardon rollant, à feuilles embraſſantes , découpées en aîles , aîlerons déchiquetés. *Eryngium.*

PEUCEDAN.

Paraſol à pluſieurs longues baguetes.

Collerete de plusieurs feuilletes, rabatues.

Corolle réguliere.

Ombelle évafée.

Petite collerete.

Fleuretes du difque ftériles.

Cinq pétales égaux, entiers, courbés.

Calicet très petit, à cinq dents.

Fruit ovale, rayé, aîlé.

1. Peucedan officinal. Queue de pourceau, à feuilles découpées cinq fois de trois en trois, lanieres en alenes. *Peucedanum.* Viv.

A Meudon.

* Fleurs purpurines.

2. Peucedan angelique, à collerete générale de deux feuilletes, bords du fruit aiguifés en feuillet, feuilles découpées en aîles, lanieres oppofées, dentées. *Angelica.*

A Meudon.

* Lanieres oblongues.

IMPERATOIRE.

Parasol arrondi, assez garni.
Collerete de trois à cinq petites feuilletes.

Corolle réguliere.
Ombelle en boule.
Collerete de huit petites feuilletes.
Fleurette : cinq pétales un peu cam-
brés, peu durables.
Calicet peu apparent, à cinq dents.
Fruit applati, anguleux, à bords ai-
guisés en feuillet.
1. Imperatoire angelique, à feuilles
découpées en trois, & recoupées en
trois lobes dentés en scie. *Imperatoria*
Viv.

BUPLEVRE.

Parasol à peu de rayons, moins de
dix.
Collerete de deux à cinq feuilletes.
Corolle réguliere.

Ombelle droite, évaſée, à dix rayons, au plus.

Collerete de cinq feuilletes évaſées.

Fleurete : cinq petits pétales, roulés en dedans.

Calicet peu apparent.

Fruit ovale, rayé ſuivant ſa longueur.

» Fleur jaune.

» Feuilles ſimples, entieres.

1. Buplevre faucille, à tige flexible, feuilles élancées. *Buplevrum.* Viv.

A c h e.

Paraſol à peu de baguetes.

Collerete de peu de feuilletes, une ou deux.

Corolle réguliere.

Ombelle à pluſieurs rayons.

Collerete de peu de feuilletes, ordinairement une ou deux.

Fleurete : cinq pétales égaux, arrondis, rabatus.

Calicet peu apparent.

Fruit ovale , rayé.

1. Ache officinal , à parafol fans manche, feuilles de la tige découpées en aîles , aîlerons en forme de coin. Odeur forte. *Apium*. Bifann.

BERLE.

Parafol. . . . .

Collerete de plufieurs feuilletes élancées , rabatues.

Corolle réguliere.

Ombelle évafée.

Collerete de plufieurs feuilletes , en lacet.

Fleurete : cinq pétales en cœur , pliés.

Calicet nul en apparence.

Fruit petit , ovale , rayé.

1. Berle commune , à ombelles terminantes, feuilles empennées , pinnules larges. *Sium*. Viv.

A Creteil.

* Feuilletes oblongues.

2. Berle faucille, à feuilles empennées, pinnules en lacet, dentées en
scie, confluentes & courantes. *Amni.
Viv.*

A Gentilli.

T E R N O I X.

Parasol à moins de vingt baguetes.

Collerete de plusieurs feuilletes couvertes & étroites.

Corolle réguliere.

Ombelle très courte, & très serrée.

Collerete de plusieurs feuilletes,
comme des soyes.

Fleurete : cinq petales en cœur,
pliés.

Nul calicet apparent.

Fruit ovale, rayé, velu.

» Racine tuberculeuse, en châtaigne.

1. Ternoix, à feuilles profondement
découpées. *Bulbocastanum.*

A Montfaucon.

LASERPI.

Parasol très grand , de vingt à quarante baguetes.

Collerete de plusieurs petites feuilletes.

Corolle réguliere.

Ombelle plate , fort garnie.

Collerete de plusieurs petites feuilletes.

Fleurete : cinq pétales presqu'égaux,
évasés , en cœur.

Calicet peu apparent, à cinq dents.

Fruit oblong , garni de huit feuillets satinés.

1. Laserpi faux-turbit, à feuilles empennées , pinnules en cœur , dentées en
scie. *Laserpitium.* Viv.

ACHEMONT.

Parasol évasé , fort garni.
Collerete de plusieurs feuilletes , en
lacet.

Corolle réguliere.

Ombelle peu garnie.

Collerete de plusieurs feuilletes étroites.

Fleurete : cinq petales un peu iné-gaux, en cœur, pliés.

Calicet peu apparent.

Fruit ovale, oblong, rayé.

1. Achemont cervier. Persil de mon-tagne, à femences nues, feuilles aîlées, aîlerons ovales, anguleux, dentés en fcie, & qui fe croifent. *Oreofelinum.* Viv.

A Fontainebleau.

2. Achemont mineur, à feuilles aî-lées, aîlerons écartés, pointus. *Oreo-felinum.* Viv.

Au Calvaire.

TISSELIN.

Parafol fort garni, & évafé.

Collerete de plufieurs feuilletes lon-guetes, rabatues.

Corolle réguliere.

Ombelle fort garnie & évasée.

Collerete de plusieurs feuilletes éva-
sées.

Fleurete : cinq pétales inégaux , en
cœur , rabatus.

Calicet peu apparent.

Fruit ovale , applati , rayé , composé
de deux semences, bordées d'un feuillet.

1. Tisselin. Rivache, à tige laiteuse.
Thysselinum. Viv. *Voyez* B. P. pl. 5.
f. 2.

A Saint Maur.

A M M I.

Parasol à cinquante baguetes , environ.

Collerete de plusieurs feuilletes
étroites , découpées en aîles.

Corolle un peu radiée.

Ombelle courte , fort garnie.

Collerete de plusieurs feuilletes , en
lacet.

Fleuretes du difque régulieres.

Fleuretes de l'auréole un peu irrégulieres.

Cinq pétales inégaux, en cœur, repliés.

Calicet peu apparent.

Fruit comme un grain de fable, arondi, liffe, rayé.

» Feuilles découpées en aîles, aîle-
» rons un peu dentelés.

1. Ammi majeur, à feuilles d'en bas
empennées, pinnules élancées, dentées en fcie, feuilles d'en haut très
étroites, découpées finement. *Ammi.*

Au Roule.

O I N A N T E.

Parafol peu garni.
Collerete de plufieurs feuilletes.
Corolle radiée.

Ombelle ferrée, à rayons très courts.
Collerete de plufieurs petites feuilletes.

Fleuretes du difque affez régulieres.

Fleuretes de l'auréole ftériles, irré-gulieres.

Cinq pétales inégaux, échancrés, courbés.

Calicet durable, à cinq dents fort pointues.

Fruit ovale, rayé, couronné de cinq pointes, avec les deux ftiles au centre.

1. Oinante fiftuleufe, à fions ram-pans, feuilles de la tige rondes, creu-fes, grêles, empennées. *Œnanthe*. Viv.

A Ivry,

* Très petite, n'ayant gueres que trois fleuretes.

2. Oinante pimpenete, à feuilles ra-dicales en coin, fendues, feuilles de la tige en long lacet, entieres & cannelées. *Œnanhe*.

A Verfailles.

C A R O T E.

Parafol fort garni, d'abord plat, puis creufé en godet.

Collerete de plusieurs feuilletes étroites, découpées en ailes.

Corolle radiée.

Ombelle fort garnie, d'abord plate, puis faisant le godet.

Collerete de plusieurs feuilletes.

Fleuretes du disque stériles.

Fleuretes de l'auréole irrégulieres.

Cinq pétales inégaux, en cœur, repliés.

Calicet peu apparent.

Fruit arrondi, hérissé de cils.

1. Carote sauvage, à queues nerveuses en dessous, fleur blanche. *Daucus.* Bisann.

* Fleur rougeâtre.

2. Carote fenouillete, à semences nues, ombelle oblongue. *Fœniculum.* Ann.

BERCE.

Parasol fort grand, & fort garni.

Collerete de plusieurs feuilletes, peu durable.

Corolle radiée.

Ombelle plate.

Collerete incomplete , de trois à fept feuilletes inégales.

(Ces colleretes manquent quelque-fois.)

Fleuretes du difque régulieres.

Fleuretes de l'auréole irrégulieres.

Cinq pétales à crochets.

Calicet peu apparent.

Fruit ovale , applati , feuillé , échan-cré , rayé.

„ Fleur jaune.

1. Berce velue , à feuilles découpées en aîles. *Sphondylium.* Bifann.

A Saint-Maur.

* Fleur rougeâtre.

* Feuilles étroites.

* Feuilles rouge-brunes.

C I G U E.

Parafol évafé , fort garni.

Collerete de plufieurs feuilletes très courtes , inégales.

Corolle reguliere.

Ombelle evasée, fort garnie.

Collerete incomplete, découpée en trois ou quatre fegmens.

Fleurete : cinq pétales en cœur, inégaux.

Calicet peu apparent.

Fruit arondi, rayé de cinq traits, & chagriné.

1. Ciguë majeure, à tige tachetée, toute verte, feuilles fort decoupées, lobes dentelés, graines cendrées, odeur forte. *Cicuta*. Bifann.

SANICLE.

Parafol ordinairement à quatre rayons.

Collerete incomplete.

Corolle reguliere.

Ombelle fort garnie, & ferrée.

Collerete courte, complete.

Fleuretes du difque fteriles.

Cinq pétales égaux, échancrés, &

rabatus jufqu'à fermer la corollete.

Calicet comme nul.

Fruit ovale, heriffé de piquans, & formé de deux fémences plaquées l'une contre l'autre.

1. Sanicle officinale, à fleuretes affifes, feuilles radicales fimples. *Sanicula.* Viv.

A Charenton.

CORIANDRE.

Parafol peu garni.

Sans, ou prefque fans collerete.

Corolle radiée.

Ombelle affez garnie.

Collerete incomplete, de trois feuiletes, en lacet.

Fleuretes du difque régulieres, ftériles.

Fleuretes de l'auréole irrégulieres.

Cinq pétales inégaux, en cœur.

Calicet à cinq dents.

Fruit tout rond, compofé de deux fémences concaves.

» Odeur de punaise.

1. Coriandre officinale. *Coriandrum.* Ann.

B U P L E V R E.

Parafol à peu de rayons.

Sans collerete.

Corolle reguliere.

Ombelle droite, evafée, de dix rayons, au plus.

Collerete de cinq belles feuilletes.

Fleurete : cinq petits pétales roulés en dedans.

Calicet peu apparent.

Fruit ovale, rayé fuivant fa longueur.

1. Buplevre perce-feuille, à feuilles enfilées. *Buplevrum.* Ann.

A Charenton.

S E S E L I.

Parafol roide.
Sans collerete.
Corolle reguliere.

Ombelle fort courte, arondie, fort garnie.

Collerete d'une ou deux feuilletes, en lacet.

Fleurete : cinq petales égaux, en cœur, pliés.

Calicet peu apparent.

Fruit petit, ovale, rayé.

1. Seseli des montagnes, à feuilles de la tige très étroites, queues membraneuses & oblongues, entieres, soutenant des rameaux. *Fœniculum.* Viv.

A Meudon.

* Feuilles longues, feuilletes decoupées par deux & par trois. *Fœniculum.*

A Fontainebleau.

2. Seseli nain, à quantité d'ombelles, feuilles compofées de trois feuilletes étroites, épaiffes, queues membraneufes, oblongues, entieres, soutenant des rameaux. *Fœniculum.*

A Fontainebleau.

3. Seseli annuel, à pétioles des feuil-

les membraneux, renflés, échancrés, ramifiés. Fruit ovale, relevé de huit côtés à vives arrêtes, fleur blanche à odeur de bouc, pétioles des feuilles en collet. *Fœniculum.* Ann. (Pl. 29, F. 4.

A Fontainebleau.

FENOUIL.

Parasol fort garni.

Sans collerete.

Corolle reguliere.

Ombelle fort garnie.

Sans collerete.

Fleurete : cinq petales très courts, entiers, roulés.

Calicet peu apparent.

Fruit ovale, rayé.

Fleur jaune.

1. Fenouil doux, à fruit noiratre. *Fœniculum.*

A Seve.

PODAIGUE.

Parasol fort garni.

Sans collerete.

Corolle réguliere.

Ombelle plate, fort garnie.

Sans collerete.

Fleurete: cinq petales ovales, con-caves, recourbés.

Calicet peu apparent.

Fruit ovale, oblong, rayé.

Fleur blanc sale.

1. Podaigue angelique, à feuilles du haut de la tige decoupées de trois en trois segmens, queues triangulaires *Angelica*. Viv.

A Montmorency.

PANAIS.

Parasol fort garni, plat.

Sans collerete.

Corolle reguliere.

Ombelle fort garnie.

Sans collerete.

Fleurete : cinq petales égaux, entiers, élancés, roulés en dedans.

Calicet peu apparent.

Fruit ovale, aplati.

Fleur jaune.

1. Panais sauvage, à feuilles empennées, pinnules larges. *Pastinaca.*

A Meudon.

CERFEUIL.

Parasol évasé.

Sans collerete.

Corolle peu irreguliere.

Ombelle évasée.

Collerete de peu de feuilletes élancées, rabatues.

Fleuretes du disque steriles.

Cinq petales en cœur, repliés, un
peu inégaux.

Calicet peu apparent.

Fruit

Fruit oblong, lisse, en bec d'oiseau.

(*A*)

Feuilles ramifiées.

1. Cerfeuil sauvage, à fruit lisse, luisant, tige rayée, nœuds renflés. *Chœrophyllum*. Viv.

A Vigny.

2. Cerfeuil noueux, à tige rude, brune, tachetée, nœuds fort renflés *Chœrophyllum*. Bisann.

3. Cerfeuil antrisque, à corolle reguliere, tige lisse. *Chœrophyllum*. Ann.

Au Cours de la Reine.

(*B*)

Parasol à baguetes courtes. Ombelles peu garnies.

Colleretes de cinq à sept feuilletes. Fruit sillonné, lisse.

1. Mirris bulbeux, à tige tachetée, lisse, genoux enflés. *Myrrhis*.

A Fontenai-aux-roses.

F E L L A N D R I.

Parasol fort garni.

Sans collerete.

Corolle peu irreguliere.

Ombelle fort garnie.

Collerete de sept feuilletes pointues.

Fleuretes :

Cinq petales inégaux, pointus, échancrés en cœur.

Calicet à cinq dents, durable.

Fruit ovale, lisse, couronné de sept
pointes, dont cinq proviennent du calice, & deux des stiles.

1. Fellandri aquatique, à feuilles
ramifiées, ramifications écartées. *Phel-
landrium*. Bisann.

A Bercy.

B O U C A G E.

Parasol assez garni.

Sans collerete.

Corolle assez réguliere.

Ombelle fort garnie.

Sans collerete.

Fleurete:

Cinq petales, en cœur, pliés, prefqu'égaux.

Calicet peu apparent.

Fruit ovale, oblong, aminci par le
haut, & rayé.

» Odeur de bouc.

» Feuilles ailées.

1. Boucage majeur, à feuilles empennées, pinnules arondies. *Tragofe-
linum.* Viv.

A Seve.

* Fleur blanche.

A Fontainebleau.

* Mineur.

A Montmorency.

* Fleur rougeâtre.

GRANDENT.

Parafol long, peu garni.
Sans collerete.

Corolle radiée.

Ombelle aſſez garnie.

Collerete de cinq feuilletes.

Fleuretes du diſque ſteriles.

Cinq petales en cœur, repliés, inégaux.

Calicet peu apparent.

Fruit liſſe, en forme d'alene, ou de
longue aiguille.

1. Grandent. Peigne de Venus. *Scan-
dix*. Ann.

A St. Denis.

COCALISE.

Paraſol inégal, peu garni.

Collerete de peu de feuilletes, élancées.

Corolle radiée.

Ombelle inégale, aſſez garnie.

Collerete ordinairement de cinq
feuilletes.

Fleuretes du diſque regulieres, ſteriles.

Fleuretes du pourtour irregulieres.

Cinq petales en cœur, repliés.

Calicet à cinq dents.

Fruit oblong, rayé, hérissé de soies rudes.

(*A*)

1. Cocalise. Girouille, à grande fleur. *Caucalis*.

Collerete de cinq feuilletes, dont l'une est plus grande du double.

A Antoni.

(*B*)

Collerete simple.

Fruit hérissé de triples pointes, crochues.

1. Herissane grêle, à feuilles decoupées menu. *Caucalis*. Bisann. Laiteuse.

* Fleur blanche.

T O R D I L E.

Parasol fort garni, inégal.

Collerete de plusieurs feuilletes, réunies.

Corolle radiée.

Ombelle courte, fort garnie, inégale.

Collerete incomplete, fort longue.

Fleuretes du difque regulieres.

Fleuretes de l'aureole irregulieres.

Cinq pétales inégaux, échancrés en cœur.

Calicet à cinq dents.

Fruit arondi, bordé d'un feuillet dentelé.

» Feuilles decoupées en ailes.

1. Tordile majeure, à fruit ovale, armé de deux petites pointes, feuilletes élancées, dentées en fcie. *Tordylium*. Ann.

A Seve.

2. Tordile antrifque, à femences rudes, fleur blanche, fleurdelifée, feuilletes ovales, élancées, recoupées en ailes. *Daucus*. Bifann.

* Fleur rougeâtre.
* Tige baffe, fort ramifiée.

A Vaugirard.

SISON.

Parasol à peu de baguetes inegales,
(moins de six.)

Collerete de quatre feuilletes inégales.

Corolle reguliere.

Ombelle à moins de dix rayons inégaux.

Collerete de quatre feuilletes inégales.

Fleurete :

Cinq petales égaux, élancés, rabatus.
Calicet peu apparent.

Fruit ovale, rayé.

1. Sison amome, à parasol droit,
feuilles empennées. *Sium.*

A Seve.

2. Sison des champs, à parasol pendant, petales roulés en dedans, feuilles empennées. *Sium.* Bisann.

A Bicêtre.

3. Sison inondé, à parasol fourchu,

tige rampante, feuilles capillaires fous l'eau, empennées à l'air. *Sium.*

A Montmorency.

4. Sifon verticillé, à feuilles verticillées, decoupées en fegmens très-deliés. *Carvi.* Viv.

A St. Leger.

C A R V I.

Parafol à dix longues baguetes, ordinairement inégales.

Collereté d'une feule feuillete, pour l'ordinaire.

Corolle réguliere.

Ombelle fort garnie.

Sans collerete.

Fleuretes du difque fteriles.

Fleuretes du pourtour irregulieres.

Cinq petales inégaux, obtus, en cœur, pliés.

Calicet peu apparent.

Fruit oblong, arondi, rayé.

» Feuilles ailées, feuilletes dechi-
» quetées.

1. Carvi officinal, à tige cannelée.
Carvi. Bifann.

A Meudon.

C O D I L E.

Parafol inégal, à trois baguetes.
Prefque fans collerete.
Corolle radiée.
Ombelle inégale, courte, fort garnie.
Collerete courte. ;
Fleurete :
Cinq petales inégaux, échancrés en
cœur.

Calicet à cinq dents.
Fruit : 2 femences aplaties, velues
bordées d'un feuillet membraneux.

1. Codile laiteufe, à feuilles larges,
empennées, pinnules élancées, dentées en fcie. *Caucalis*. Bifann.

A Livry.

M A C E R O N.

Parafol inégal, qui s'accroît de jour en jour.

Sans collerete.

Corolle réguliere.

Ombelle droite.

Petite collerete très courte.

Fleuretes du difque fteriles.

Cinq petales égaux, élancés, un peu courbés.

Fruit rond, rayé, compofé de deux femences épaiffes, en croiffant.

1. Maceron. Olusâtre, à feuilles de la tige en trefle, feuilletes en pied, dentées en fcie. *Smyrnium.*

A Charonne.

C I G U E T E.

Parafol evafé, à baguetes fort inégales.

Sans collerete.

Corolle un peu irréguliere.

Ombelle petite, évafée.

Collerète incomplete, de trois à cinq feuilletes très longues, étroites & pen-dantes.

Fleurete :

Cinq petales inegaux, en cœur, repliés.

Calicet peu apparent.

Fruit ovale, arondi, rayé, & aplati vers fon extremité.

1. Ciguete perfillée. *Cicuta.*

B U P L E V R E.

Ombelle fimple, droite, evafée, or-dinairement à trois rayons.

Collerete de cinq feuilletes.

Fleurete :

Cinq petits petales, roulés en dedans.

Calicet peu apparent.

Fruit ovale, rayé fuivant fa longueur.

3. Buplevre fine, à ombelles axil-laires, rameaux alternes, feuilles en lacet, affifes. *Buplevrum.* Ann.

A Seaux.

M A N C H O T E.

Cinq petales échancrés en cœur.

Ombelle simple, courte, sans manche.

Calicet à cinq dents.

Collerete.

Fruit : deux sémences herissonnées.

1. Manchote - nodiflore. *Daucus.* Ann.

A Chaillot.

B E R L E.

Ombelle évasée, simple.

Collerete de plusieurs feuilletes, en lacet.

Fleurete :

Cinq petales égaux, en cœur, pliés.

Calicet nul, en apparence.

Fruit petit, ovale, rayé.

3. Berle nodiflore, à ombelles axillaires, simples, feuilles empennées. *Sium.*

* Feuilles dechiquetées.

GOBELEAU.

Ombelle simple, affise.

Collerete de quatre petites feuilletes.

Corolle uniforme.

Fleuretes :

Corollete de cinq petales évafés,
entiers.

Calicet prefque nul.

Fruit rond, compofé de deux femences applaties, plaquées l'une contre l'autre.

1. Gobeleau vulgaire, à ombelle de
cinq fleuretes affifes, feuilles pavoifées. *Hydrocotyle.* Viv.

A Meudon.

SECTION III.

Famille des Cruciferes.

ERISIME.

Petales oblongs, très mouffes.

Calice coloré, peu durable, de quatre feuilletes conniventes.

Silique grêle, à quatre pans, deux valves, deux loges.

1. Erifime officinale. Velar. Tortelle. Herbe au chantre, à fleurs jaunes, filiques plaquées contre la tige, feuilles denchées. *Erysimum.* Ann.

2. Erifime-barbarine. Herbe de Sainte Barbe, à fleurs jaunes, feuilles liffes, en lire. *Sisymbrium.* Viv.

3. Erifime-alliaire, à fleurs blanches, feuilles échancrées en cœur; odeur d'ail. *Hesperis.* Bifann.

A Meudon.

4. Erifime-vefperine, à feuilles élan-

cées, dentées en scie. *Hesperis*. Bisann.

A Moret.

5. Erisime - tourelle , à feuilles entieres, élancées. *Turritis*. Ann.

N A V E T.

Pétales évasés.

Calice coloré , peu durable.

(*A*)

Silique partagée en deux loges , &
terminée par une appendice fongueuse.

1. Navet blanc. *Napus*.

* Navete. Navet noir.

(*B*)

Silique à long stilet , en cornichon
aplati.

1. Roquet de Chantecoq , à tige
rude , feuilles découpées en ailes &
dentées, fleur jaune , silique lisse. *Eruca*. Ann.

A Nanterre.

SISIMBE.

Corolle évafée; quatre pétales courts.
Calice évafé, peu durable, de quatre feuilletes colorées, élancées.

(*A*)

Silique ronde, longue, courbée, à deux loges, dont le médiaftin déborde un peu.

1. Sifimbe amphibie, à filique penchée, ovale, oblongue, feuilles diverfes : celles d'en haut fendües en ailes, celles d'en bas découpées menu dans les marais, ovales, dentées en fcie dans les terres feches. *Sifymbrium*.

2. Sifimbe filveftre, à filique penchée, oblongue, petite fleur jaune, feuilles empennées, feuilletes élancées, dentées en fcie. *Sifymbrium*. Viv.

* Très petite fleur jaune.

A Vincenne.

3. Creffondeau. Creffon de fontaine, à filique penchée, fleur blan-

che, tige couchée, feuilles empennées, feuilletes en cœur. *Sisymbrium.*

4. Sisimbe-Irion, à silique droite, fleur jaune, tige haute, feuilles lisses, en lire, le dernier segment en fer de pique. *Erysimum.*

(B)

„ Fleur jaunâtre.

„ Odeur fétide.

5. Roquete des murailles, à tige basse, un peu rude, feuilles vivrées, élancées, dentées en scie. *Eruca.*

A Chatou. Avril, Mai.

6. Roquete des vignes, à petite fleur, hampe grêle, feuilles lisses, en lire. *Eruca.*

7. Roquete fine, à silique bosselée en dos de malle, feuilles d'en haut entieres, celles d'en bas découpées à triples pinnules. *Eruca.* Viv.

8. Roquete couchée, à fleurs solitaires, axillaires, presque assises, feuilles vivrées & dentées, fleur blanche. *Eruca.* Ann.

* Fleur jaune.

A Vaugirard.

9. Roquete-bourfete , à feuilles vi-vrées , empennées. *Eruca.*

A Montrouge.

(C)

Pétales très courts.

Silique très longue.

10. Sofie. Talitron, à feuilles décou-pées en lanieres fines *Sifymbrium.* Ann.

PASTEL.

Pétales évafés.

Calice coloré , peu durable.

Silique fimple , en palete , peu du-rable.

Panneaux en gondole.

» Fleur jaune.

1. Paftel , à feuilles en fer de fleche, celles d'en bas feulement un peu cre-nellées. *Ifatis.* Bifan.

A Belleville.

CAMELINE.

Corolle cruciforme.

Calice coloré, peu durable.

Silicule en poire, aplatie, articulée & surmontée d'un filet en poinçon, & partagée en deux loges par un médiastin parallele aux panneaux.

1. Cameline fétide, à feuilles pointues, à oreilletes, silicule en ovale renversé, montée sur un pedoncule. *Alysson*. Ann.

A Gentilly.

2. Cameline à panicule, siliques lenticulaires, semées de points rudes. *Rapistrum*. Ann.

A Villejuif.

RAPISTE.

Fleur crucifere.

Calice coloré, peu durable.

Silicule en poire, sans médiastin, applatie, articulée, & surmontée d'un stilet conique, roide.

1. Rapiste unigraine, à tige rampante, feuilles bleuâtres, ondées, fleur blanche, silicule portant une feule femence à maturité. *Rapistrum.*

A Paffy. Avril, Mai.

TOURETE.

Pétales droits.

Calice peu durable.

Silique très longue, ferrée, à quatre angles peu fenfibles, partagée en deux loges par un médiaftin.

» Fleur blanche.

» Feuilles embraffantes.

1. Tourete velue, à tige baffe, feuilles toutes velues. *Turritis.* Ann.

2. Tourete liffe, à feuilles d'en bas dentées, velues, feuilles de la tige entieres, liffes. *Turritis.* Bifann.

Au Calvaire.

HESPERIDE,

Quatre pétales en croix, qui se tour-nent un peu vers le soleil.

Calice peu durable, de quatre feuil-letes, conniventes par le haut, entrou-vertes par le bas.

Silique à deux loges, bosselée.

Semences nichées dans les fossetes du médiastin.

1. Hesperide. Julienne, à tige simple, feuilles ovales, élancées, dentées, fleur purpurine, pétales échancrés. *Hesperis.* Bisann.

A Saint-Maur.

* Fleur blanche.

* Sauvage, sans odeur.

SINAPI.

Pétales évasés, à onglets courts, droits.

Calice évasé, peu durable.

Silique à deux loges, arrondie par le

bas, & terminée par une espece de languete pointue à son extrémité.

1. Sinapi. Moutarde, à silique quarrée, lisse. *Sinapi.* Ann.

A Saint-Denis.

2. Sinapi. Senevé, blanc, à silique velue, languete très longue, un peu oblique. *Sinapi.* Ann.

3. Sinapi. Sanve, à silique anguleuse, languete courte, feuilles entieres. *Sinapi.* Ann.

4. Sinapi - velaret, à silique lisse, plaquée sur la tige, & terminée par une espece de cornichon farci de moëlle fongueuse; tige rude, feuilles blanchâtres, feuilles d'en bas en lire, feuilles d'en haut élancées. *Erysimum.*

A Vaugirard.

CARDAMINE.

Quatre pétales fort évasés, onglets longs.

Calice de quatre feuilletes, peu durable.

Silique à deux loges, dont les panneaux se détachant tout d'un coup du placenta, à maturité, se roulent de haut en bas, en forme de chenille, & lancent les semences avec explosion.

1. Cardamine des prés, à feuilles empennées, feuilletes radicales arrondies, supérieures élancées, fleurs grandes, purpurines. *Cardamine*. Viv.

A Gentilly.

* Feuilletes terminées en pointe.

* Fleurs petites.
* Fleurs blanches.

2. Cardamine amere, à feuilles empennées, sions axillaires. *Cardamine*. Viv.

RAVENELLE.

Pétales en cœur, corolle évasée.
Calice droit, peu durable.

La silique n'a point de médiastin apparent, mais un simple chassis pour placenta, & semble composée de plusieurs pieces articulées comme les

phalanges des doigts , & se détache aisément par articles.

1. Ravenelle, à fleur blanche. *Rapha-*
nistrum.

* Fleur jaune , ou pâle.

* Fleur couleur de pourpre, ou violet
clair.

L E P I D I O N.

Quatre petales longs.

Calice peu durable, de quatre feuilletes en cuilleron.

Silicule en forme de cœur, aplatie ,
partagée en deux loges par un mediastin élancé , perpendiculaire aux
panneaux.

„ Fleur blanche.

1. Lepidion-passerage, à feuilles ovales, élancées , dentées en scie. *Lepi-*
dium. Viv.

A Charenton.

2. Lepidion - iberide , à feuilles très
étroites , deux étamines à la fleur. *Le-*
pidium. Ann.

3. Lepidion - pétrée , à tige basse,
feuille

feuilles unies, empennées, fleurs courtes. *Nasturtium.* Ann.

À St. Cloud.

4. Lepidion couché, à feuilles découpées en ailes, avec un aileron impair, hampe nue. *Nasturtium.*

CRANSON.

Petales longs, évafés.

Calice peu durable, de quatre feuilletes.

Silicule en cœur, boffelée, chagrinée, terminée par un ftylet, & partagée en deux loges par un mediaftin
perpendiculaire aux panneaux.

” Tige rampante.

1. Cranfon, à fleurs blanches, feuilles decoupées en ailes. *Nasturtium.*
Ann.

TLASPI.

Quatre petales oblongs.

Calice peu durable, de quatre feuilletes évafées.

Tome II.   E

Silicule plus large par le haut que par le bas, bordée d'un petit feuillet membraneux, terminée par un stylet, & partagée en deux loges par un mediastin perpendiculaire aux panneaux.

(*A*)

1. Tlaspi champêtre, à feuilles en fer de flèche, dentées, blanchâtres, silicule arondie. *Thlaspi*. Bisann.

2. Tlaspi. Monnoyere, à silicule large, feuilles oblongues, dentées, lisses. *Thlaspi*. Ann.

3. Tlaspi-mousselet, à feuilles oblongues, embrassantes, & comme enfilées. *Thlaspi*. Bisann.

A Seve.

(*B*)

Silicule en triangle isocele, partagée en deux loges par un mediastin perpendiculaire aux panneaux.

1. Mallete. Tabouret. Bourse à pasteur, à feuilles unies. *Bursa pastoris*.

* Feuilles ondées. Ann.

* Feuilles decoupées en ailes.

A Arcueil.

A L I S S O N.

Quatre petales courts, très évasés.

Calice peu durable, de quatre feuil-les conniventes.

Six étamines inégales, les deux moindres ayant chacune une petite dent.

Silicule terminée par un stylet de même longueur, & partagée en deux par un mediastin parallele aux panneaux, qui y sont appliqués comme de petites poeletes.

» Feuilles simples.

1. Alisson champêtre, à petites feuilles unies, étamines accompagnées de deux soies. *Alysson.* Ann.

Au bois de Boulogne.

2. Alisson des montagnes, à tige dure, étalée, feuilles pointillées, ru-

des, blanchâtres, fleur jaune. *Alyſſon.*
Arbuſte.

A Fontainebleau.

D R A B E T E.

Petales fendus.

Calice peu durable, de quatre feuilletes.

Silicule oblongue, terminée par un
ſtylet fort court, & partagée intérieurement en deux loges par un mediaſtin parallele aux panneaux.

1. Drabete printaniere, à hampe
nue, feuilles élancées, decoupées
fleur blanche. *Alyſſon.* Ann.

G I R O F L É E.

Corolle evaſée.
Petales arondis.
Calice en tuyau, peu durable, de
deux paires de feuilletes inégales.
Silique à deux loges, aplatie.

Semences bordées d'un feuillet membraneux.

» Feuilles étroites à leur origine.

1. Giroflée rameau d'or, à tige dure, fleur jaune. *Leucoïum*. Viv.

ARABITE.

Petales évasés.

Calice peu durable, de deux paires de feuilles inégales, conniventes.

Silique longue, mince, relevée sur chaque graine, & resserrée alternativement.

1. Arabite branchue, à feuilles entieres, élancées, à queue. *Turritis*. Ann.

IBERIS.

Petales inégaux.

Calice peu durable.

Silicule droite, arondie, ayant ses panneaux en gondole surmontée d'un rebord fendu en deux & pointu, & partagée en deux loges par un mediaſtin perpendiculaire aux panneaux.

1. Iberis nue, à tige ſimple, nue,
feuilles vivrées. *Naſturtium.* Ann.

Au bois de Boulogne.

(B)

Fleurs irrégulieres, diſpoſées en cimier.

2. Taraſpic-iberide, à feuilles en fer
de lance, fleurs blanches, ſaveur amere. *Tlaſpi.* Ann.

* Fleurs rougeâtres.

SECTION I.V.

Famille des Paverines.

PAVOT.

Quatre pétales, deux à deux, fort
évaſés.

Calice de deux feuilles peu durables.

Une centaine d'étamines.

Capſule ſurmontée d'un plateau en

abajour , avec plusieurs lucarnes en dessous, & garnie intérieurement d'un placenta à plusieurs bandes.

1. Pavot. Coquelico , à feuilles velues , découpées en ailes, tête ovale,
fleur ponceau , à onglets noirs , dix à
seize bandes , fleur incarnate. *Papaver.*

* Feur blanche.

* Sans onglets , huit à dix bandes.

* Tête oblongue , velue , sillonée en
côte de melon.

A Versailles.

* Longue tête lisse , en quille , six à
neuf bandes , feuilles déchiquetées.

A Boulogne.

* Tête en cône , feuilles déchiquetées , six bandes.

A Fontenay-aux-Roses.

G L A U C I O N.

Corolle fort évasée : quatre pétales.
Calice de deux feuilles , peu durable.

E iv

Une trentaine d'étamines.

Silique séparée en deux loges par une cloison fongueuse.

» Fleur une à une.

» Tige laiteuse.

(A)

1. Glaucion. Pavot cornu, lisse, feuilles ondées, embrassantes, fleur jaune. *Glaucium.*

A Bercy.

(B)

Silique cylindrique, simple.

» Fleurs en bouquet.

2. Chelidoine. Eclaire, à feuilles plus ou moins découpées. *Chelidonium.* Viv.

À Meudon.

SECTION V.

Famille des Rosacées.

ORDRE PREMIER.

Arbres.

POMMIER.

Fleurs en rose , par toupets dans les aisselles des feuilles.

Fruit charnu, presque rond , avec un enfoncement à chaque bout, renfermant au milieu de sa pulpe cinq loges cartilagineuses, & deux pepins dans chaque loge.

(A)

1. Pommier , à pommes fort âpres, acerbes. *Malus.*

* Pommes aigres.

(B)

Fleurs par bouquets.
Fruit en forme de toupie.

E v

2. Poirier, à feuilles lisses. *Pyrus.*

A Cressy.

* Feuilletés couvertes d'un duvet blanchâtre.

A Saint-Leger.

P R U N I E R.

Fleur en rose.

Fruit charnu, coloré, contenant un fruit qui renferme une amande.

» Les fleurs paroissent avant les feuil-les.

» Les feuilles sont d'abord roulées.

(*A*)

1. Prunier épineux. Prunellier, à petits fruits un à un, feuilles élancées, lisses. *Prunus.*

* Feuilles mêlées de verd & de blanc.

* Feuilles bleuâtres.

2. Prunier sans épine, à gros fruit, feuilles ovales, élancées. *Prunus.*

A Fontainebleau.

* Gros fruit, rond & blanc.

A la Morlaie.

(B)

» Les feuilles naiſſent avant que les
» fleurs ſoient épanouies.

» Les feuilles ſont d'abord pliées en
» double.

3. Ceriſier: Mahaleb, à fruit amer,
fleurs en grape, feuilles ovales. *Cera-*
ſus.

A Bondy.

4. Ceriſier ordinaire, à fruit rouge,
rond, aigre, fleurs en bouquet, feuilles ovales, élancées, liſſes. *Ceraſus.*

* Griotier, à gros fruit aigre.

* Bigarotier, à gros fruit doux, en
cœur.

* Guignier, à fruit fondant.
* Meriſier, à fruit noir.

(B)

PÊCHER.

Fleur en roſe.

» Fruit charnu, duyeté, contenant un

E vj

noyau pointillé, & filloné irrégulierement, qui renferme une amande. A.

1. Pêcher, à fleurs folitaires, affifes,
feuilles à dents de fcie fine. *Amygda-
lus-Perfica.* Arbr.

N E F L I E R.

Fleur en rofe.

Fruit charnu, couronné de cinq ailerons qui étoient les dents du calice ; &
renfermant cinq offelets, ou petits
noyaux.

(A)

1. Neflier, à tige peu épineufe,
feuilles entieres, élancées, cotoneufes
én deffous, fleurs folitaires affifes,
dents du calice pointues. *Mefpilus.*

A Meudon.

(B)

Fruit noir, douceâtre, prefque rond
à cinq pepins.

” Tige fans épines.
” Feuilles ovales, dentées en fcie fine.

2. Amelanchier. *Mespilus.*

A Fontainebleau.

GROSEILLER.

Fleur en rofe.

Fruit, baie fucculente, ronde, avec un petit nombril, remplie de pepins attachés fur deux bandeletes.

1. Grofeiller. Caftiller, fans épines, fleurs en grape pendante, grains rouges, aigrelets. *Groffularia.*

* Grains blancs.

2. Grofeiller. Caffis, fans épines, à feuilles odorantes, fleurs en grape, grains noirs, fans aigreur. *Groffularia.*

A Montmorency.

3. Grofeiller. Gadelier, épineux, à fleurs par toupets, gros grains verdâtres. *Groffularia.*

A Montmorency.

* Grains rouge-brun.

SORBIER.

Fleur en rose.

Fruit, baie mollete, ronde, à ombilic, contenant trois pepins.

1. Sorbier. Cormier, à feuilles opposées, ailées, velues en dessous. *Sorbus.*

A St. Leger.

2. Sorbier. Cochêne, à feuilles ailées, lisses, feuilletes alternes, petit fruit très rouge. *Sorbus.*

A Versailles.

ALISIER.

Fleur en rose.

Fruit, baie charnue, arondie, avec un ombilic, contenant au moins deux pepins.

» Feuilles alternes.

(*A*)

1. Alisier commun, à feuilles ovales, transversalement ondées, dentées en scie, velues en dessous. *Cratægus.*

2. Alifier tranchant, à feuilles en cœur, dechiquetées, à fept fegmens dentés en fcie. *Cratægus.*

A Chailly.

(B)

Tige épineufe.

3. Aubépine. Epine blanche, à feuilles obtufes, fendues en trois, & refendues de même. *Mefpilus.*

A Clagny.

ROSIER.

Fleur complete. Cinq petales pofés fur le calice, dont le haut eft decoupé en cinq fegmens, & le bas, ou receptacle, forme une forte de nœud, qui devient un pericarpe charnu.

Fruit charnu & coloré, contenant (vingt - cinq) fémences calleufes, velues.

1. Rofier de chien, à calice demiailé, (deux fegmens & demi dentelés)

tige épineuse, queue des feuilles sans piquans. *Rosa*.

* Eglantier, à feuilles veloutées en dessous.

  * Fleurs odorantes.

  * Peu odorantes.

  * Feuilles odorantes.

  * Fleurs incarnates.

  * Fleurs blanches.

2. Rosier à bouquets touts faits, segmens du calice recoupés, fruit rond & lisse, odeur de miel. *Rosa*.

A Meudon.

3. Rosier très épineux, à segmens du calice entiers. *Rosa*.

4. Rosier blanc, à calice lisse, tige haute. *Rosa*.

4. Rosier velu, à fruit hérissé, oblong. *Rosa*.

A l'Isle-Adam.

6. Rosier jaune. *Rosa*.

7. Rosier chagriné, à feuilles rudes en dessous. *Rosa*.

N. B. Tous ces Rosiers demandent

à être revus plus d'une fois, fi l'on veut favoir exactement ce qui eft efpece, ou varieté.

Il y a dans ce genre, comme dans bien d'autres, des varietés qui ont fait race.

RONCE.

Fleur en rofe.

Fruit compofé d'une quarantaine de petits grains fucculens, pofés fur un placenta charnu, en cornet renverfé.

(A)

1. Ronce commune, à fruit noir, jets rampans, anguleux, piquans, feuilles en trefle, & en quintefeuille. *Rubus.*

* Sarmens ronds, feuilles cotoneu-fes.

A Fontainebleau.

2. Ronce bleuâtre, à fruit bleuâtre, tige piquante, feuilles en trefle. *Rubus.*

A Meudon.

N. B. Feuilles latérales à deux lobes.

(*B*)

Fruit odorant.

1. Framboisier rouge, à jets ronds, hérissés de piquans foibles, feuilles en trefle & en quintefeuille. *Rubus.*

A Meudon.

* Fruit blanc.

O R D R E   S E C O N D.

Herbes.

B E N O I T E.

Cinq petales posés sur le calice.

Calice d'une seule pièce decoupée en dix segmens alternativement petits & grands.

Une vingtaine d'étamines.

Une soixantaine de sémences surmontées chacune d'une trompe barbue, qui finit en crochet.

1. Benoite officinale, à feuilles en
lire, & ſtipules dentées. *Caryophyllata.*

ARGENTINE.

Cinq pétales inſérés au calice.
Calice découpé en dix ſegmens, dont
cinq alternativement plus petits, & retournés.

Placenta chargé d'une ſoixantaine
de graines, & envelopé par le calice.

(*A*)

» Feuilles empennées.

1. Argentine, à tige couchée, diviſée de deux en deux, feuilles oppoſées, dentées en ſcie. *Pentaphylloïdes.*
A Vincenne.

* Argentine rampante, à feuilles ar-
gentées en deſſous. *Pentaphylloïdes.*
Viv.

(*B*)

» Feuilles compoſées de cinq feuille-
res.

2. Quintefeuille printaniere, à feuilles radicales en quintefeuille, feuilles
de la tige en trefle. *Quinquefolium.*
Viv.

3. Quintefeuille rampante, à fleurs
folitaires, feuilles en main ouverte,
fleur jaune. *Quinquefolium.* Viv.

4. Quintefeuille argentée, à fleurs
en corimbe, feuilles en main ouverte,
à cinq feuilletes dentées en fcie, cotoneufes en deffous. *Quinquefolium.*
Viv.

(C)

» Feuilles en éventail.

5. Potentille droite, à fleurs jaunes,
en corimbe, feuilles en main ouverte,
fept feuilletes dentées en fcie, un peu
velues. *Quinquefolium.* Viv.

(D)

Feuilles en trefle, dentées.

6. Fraifillard, à grande fleur, petales en cœur. *Fragaria.* Pl. 10. f. 1.

FRAISIER.

Cinq petales, inferés au calice.

Calice découpé en dix fegmens, dont cinqalternativement extérieurs, étroits.

Placenta charnu, coloré, avec une centaine de femences piquées dans fa pulpe.

Ce placenta, appellé Fraife, eft une efpece de baie compofée.

1. Fraifier de Comus, traçant par fes fléaux. *Fragaria.* Viv.

La fraife tombe d'elle - même à maturité.

* Fraife blanche.

* Fraifier-caperon, à groffe fraife.

2. Fraifier maigre, à tige couchée, placenta fec, fleurs folitaires, axillai-res. *Fragaria.* Viv.

Au Bois de Boulogne.

* Feuilles blanches en deffous.

A Saint-Lucien.

C O M A R E T.

Cinq petits pétales, inferés aux bords
du calice.

Calice coloré.

Placenta grand, charnu, en forme
de petitebourfe.

1. Comaret des marais, rouge. *Pentaphylloïdes.* Viv.

A Rouffigny.

F I L I P E N D U L E.

Cinq pétales inferés aux bords du
calice.

Calice en tuyau évafé, découpé en
cinq.

Vingt étamines, au moins.

Fruit compofé de plufieurs capfules
difpofées en rond.

» Fleurs en bouquet terminant.

1. Filipendule, à feuilles empennées,
dentées en fcie. *Filipendula.* Viv.

A Meudon.

ORMIERE.

Cinq pétales inferés au bord du calice.

Calice en tuyau découpé en cinq.

Au moins vingt étamines.

Fruit compofé de plufieurs capfules tortillées.

Feurs en bouquet terminant.

1. Ormiere. Reine des prés, à feuilles empennées, côte terminée par une pinnule impaire, découpée en trois. *Ulmaria.*

AIGREMOINE.

Cinq pétales, inferés fur le calice par leurs onglets.

Calice qui femble double, l'intérieur fendu en cinq, & pofé fur l'embrion.

Au moins douze étamines.

Fruit hériffé de piquans en crochet, provenant du calice, & contenant deux graines.

» Feuilles empennées, ayant des pin-
» nules de deux sortes, entremêlées.

1. Aigremoine officinale, fleurs en
forme d'épi. *Agrimonia.*

* Odorante.

À Montmorency.

T O R M E N T I L L E.

Quatre pétales insérés aux bords du
calice.

Calice d'une seule piece, découpé en
huit segmens, alternativement petits
& grands.

Seize étamines.

Huit pistils.

Tormentille droite, à feuilles en
quintefeuille, assises. *Tormentilla.* Viv.

* *Ramnides.*

NB. Ce qu'on regarde ordinairement comme la corolle dans les fleurs
des Ramnides, n'est qu'un calice un
peu coloré; & cinq petites écailles posées

fées fur ce calice font de véritables pétales ; ainfi cette famille n'eft à propre-
ment parler qu'une ligne collaterale de
celle des rofacées, fuivant l'obferva-
tion de M. de Juffieu.

BOURGENE.

Fleur complete, renfermant l'embrion.

Corolle de cinq petits pétales écailleux.

Fruit : baie molle à trois loges, contenant deux pepins.

1. Bourgene, à feuilles unies. *Fran-
gula.*

NERPRUN.

Fleurs completes de deux fortes fur
deux individus.

Il y a quelquefois auffi des fleurs
hermafrodites.

Corolle de cinq petits pétales écailleux.

Tome II. F

Fruit charnu, à trois loges, contenant plufieurs pepins.

1. Nerprun-purgatif, épineux. *Rham-
nus.*

A Vincenne.

S E C T I O N V I.

Famille des Péonides.

N I E L L E.

Huit pétales, comme labiés.

Calice de cinq feuilletes colorées,
peu durable.

Une trentaine d'étamines.

Capfule à cinq cornes, qui s'ouvrent
en valifes.

1. Nielle, à fleurs pâles, folitaires,
terminantes, feuilles alternes, dechiquetées. *Nigella.* Ann.

A Charenton.

A D O N I S.

Huit pétales.

Calice peu durable, de cinq feuilletes tant soit peu colorées.

Une soixantaine d'étamines.

Quantité de pistils.

Fruit oblong, comme en épi.

1. Adonis d'automne, à petite fleur,
couleur de pourpre foncé, feuilles decoupées menu. *Ranunculus.*

F I C A I R E.

Six pétales.

Calice de trois feuilletes colorées,
peu durable.

Une soixantaine d'étamines.

Quantité de pistils.

1. Ficaire printaniere. Petite Eclaire.
Petite Scrofulaire, à feuilles en cœur,
anguleuses, à queue, fleurs solitaires.
Ranunculus. Viv.

ANCOLIE.

Cinq pétales égaux, en cornet, éperon courbé en croſſe.

Calice de cinq feuilles colorées.

Trente à quarante étamines.

Cinq capſules, qui s'ouvrent en va-liſes.

1. Ancolie-églantine, à feuilles com-poſées. *Aquilegia.* Viv.

A Bondy.

A Seve.

ADONIS.

Cinq pétales.

2. Adonis d'été, à fleur ponceau. *Ranunculus.* Ann.

A la Salpetriere.

* Fleur citrine.

RENONCULE.

Cinq pétales, avec chacun une pe-tite foſſete, ou nectaire, ſur leur onglet.

Calice de cinq feuilles tant ſoit peu colorées.

Une foixantaine d'étamines, ordinairement.

Une vingtaine de piftils.

1. Renoncule. Douve, à tige ferme,
feuilles élancées. *Ranunculus*. Viv.

A Creteil.

2. Renoncule flammeche, ou petite
Douve, à tige rempante, feuilles en
pied, élancées, oblongues. *Ranunculus*. Viv.

Dans les prés humides.

* Feuilles dentées en fcie.
* Fleurs femidoubles.

3. Renoncule graminée, à tige ferme,
feuilles longues & étroites, pétales
taillés & creufés en coquille de Saint-
Jacques. *Ranunculus*. Viv.

Sur les montagnes.

A Fontainebleau.

4. Renoncule blonde, à feuilles d'en
bas en forme de rein, crenelées, découpées, celles d'en haut étroites, en
éventail, beaucoup de fleurs. *Ranunculus*. Viv.

F iij

Dans les bois.

A Gentilli.

5. Renoncule lierrée, à tige rampante, feuilles arrondies, à trois lobes très unis, petite fleur axillaire, blanche, en étoile, sur un pedicule, petales pointus ; une dizaine d'étamines. *Ranunculus.*

Dans les prés humides.

A Porchefontaine.

6. Renoncule grenouillete, à fleurs axillaires, en pied, feuilles d'en bas chevelues, feuilles d'en haut en rondache ; une quinzaine d'étamines, tête ronde. *Ranunculus.*

A Meudon.

* A feuilles chevelues, peu circonscrites, petite fleur, une dizaine d'étamines.

A Arcueil.

* A feuilles oblongues, éfilées, flotantes sur l'eau, petite fleur blanche.

A Meudon.

* A feuilles en cerceau, chevelues,

plongées dans l'eau, fleur blanche, à longue queue , grand nombre d'étamines,
tête ronde.

7. Renoncule nodiflore , à feuilles
ovales , en pied , petites fleurs , affifes;
petit goût piquant. *Ranunculus.*

A Fontainebleau.

8. Renoncule fcelerate , à fruit oblong , feuilles liffes en éventail ; faveur
âcre , brulante. *Ranunculus.*

A Verfailles.

* Feuilles cotoneufes.

Dans les marais.

9. Renoncule des champs , à fruit
hériffonné , feuilles découpées menu.
Ranunculus. Ann.

A Montmagni.

10. Renoncule âcre , à tige ferme ,
feuilles pavoifées , à trois fegmens
refendus, beaucoup de fleurs , calice
épanoui ; faveur âcre. *Ranunculus.* Viv.
Dans les prés.

* Feuilles tachetées.
* Fleur double.

* Tige cotoneuſe.

* Tige creuſe, fort velue, feuilles d'en bas tachetées de brun, celles d'en haut tachetées de blanc, peu d'âcreté au goût.

A Saint-Leger.

11. Renoncule ailée, à tige ferme, feuilles compoſées de trois feuilletes refendues en trois, à queues ſillonées, beaucoup de fleurs, calice épanoui. *Ranunculus.* Viv. Dans les champs.

* Feuilles pâles, velues. Dans les prés. A Châtenay.

* Saveur douce. Dans les vignobles.

* Feuilles velues, ſaveur douce. Sur les montagnes.

* Feuilles panachées de blanc.

* Fleurs doubles.

Fleurs ſemi-doubles.

12. Renoncule. Bacinet, à calice rabatu, tige droite, feuilles compoſées, queues ſillonées, racine bulbeuſe. *Ranunculus.* Dans les prés.

* Racine granuleuſe.

Grande fleur jaune. Viv.

Sur les montagnes.

A Palaiseau.

RATONCULE.

Cinq pétales en cornet , verdâtres.

Calice de cinq feuilles en étoile , co-lorées , peu durable.

Cinq étamines.

Environ deux cents piftils.

Fruit en tête oblongue , comme un épi.

1. Ratoncule. Queue de fouris, à feuilles entieres. *Myofuros.*

DELFIN.

Cinq pétales inégaux , dont l'un à éperon , renfermé dans le calice.

Calice d'une feule piece , en cornet coloré.

Une quinzaine d'étamines.

Capfules qui s'ouvrent en valife.

1. Delfin. Pied d'alouete , à tige branchue, fleur bleue. *Delphinium.* An.

F v

* Fleur blanche.
* Fleur incarnate.
* Fleur double.

S E C T I O N VII.

Famille des Cariophillées.

Œ I L L E T.

Cinq pétales à onglets étroits, lames
larges, obtuses, crenelées.

Calice perfiftant, en tuyau oblong,
à cinq dents, renforcé de deux paires
d'écailles à fa bafe.

Dix étamines.

Deux piftils à ftigmates recourbés.

Capfule oblongue, fimple, qui s'ouvre par le haut à quatre pointes.

Placenta piramidal.

1. Œillet chartreux, à fleurs en petits
bouquets, écailles du calice ovales,
barbues, feuilles en lacet, à trois nervures. Fleur rouge. *Caryophyllus.* Viv.

* Fleur incarnate.

* Fleur blanche.

2. Œillet mineur, à fleurs solitaires, pétales crenelés, deux écailles du calice élancées. *Caryophyllus.* Viv.

A Montmorency.

3. Œillet prolifere, à fleurs en bouquet tout fait, écailles du calice ovales, obtufes, très longues. *Caryophyllus.* Ann.

* Fleur blanche.

4. Œillet-Armerie, à fleurs en bouquet, écailles du calice longues, élancées, barbues. *Caryophyllus.* Ann.

SILENE.

Cinq pétales, ayant chacun à leur collet deux petites dents, qui forment toutes ensemble une efpece de collier.

Calice à cinq dents, perfiftant.

Dix étamines, cinq à cinq.

Les ftigmates du piftil fuivent le mouvement du foleil.

F vj

Capfule cilindrique, à trois loges, qui s'ouvre en cinq par le haut.

1. Silene angloife, velue, à fleurs droites, pétales entiers, capfules pendantes, fleur blanche. *Lychnis.* Ann.

* Silene gauloife, velue, fleurs affectant un feul côté, pétales entiers, capfules droites, fleur incarnate. *Lychnis.* Ann.

2. Silene conique, à feuilles liffes, pétales échancrés, calice renflé, rayé de trente lignes. *Lychnis.* Ann.

A Belleville.

* Feuilles molletes, pétales fendus en deux, fleurs dans l'enfourchure des rameaux.

3. Silene penchée, à tige en panicule, affectant un feul côté, feuilles élancées, gluantes, pétales fendus. *Lychnis.* Viv.

A Boulogne.

CARNILLET.

Cinq pétales.

Calice en tuyau à cinq dents, per-
fiſtant.

Dix étamines, cinq à cinq.

Trois ſtigmates cotoneux, qui ſe
tournent vers le ſoleil.

Capſule à trois loges, qui s'ouvre en
cinq à ſon ſommet.

1. Carnillet à fleurs disjointes,
deux individus, pétales entiers, très
étroits, tige gluante. *Lychnis.* Viv.

Au Calvaire.

* Tige baſſe.

2. Carnillet-Behen, à fleur hermaphrodite, calice renflé en veſſie, ovale, veiné en rézeau. *Lychnis.* Viv.

* Feuilles étroites & pointues.

* Feuilles velues.

* A Fleur femelle.

* A Fleur double.

L A M P E T T E.

Cinq pétales.

Calice en tuyau à cinq dents, renflé, persiftant.

Dix étamines.

Cinq ftigmates cotoneux, qui fuivent le mouvement du foleil.

Capfule fimple, à cinq panneaux,
couverte du calice.

1. Lampette à coucou, pétales frangés, fendus en quatre, fleur rouge.
Lychnis. Viv.

* Fleur blanche.

A Meudon.

* Fleur double.

2. Lampette blanche, à fleur hermaphrodite, femelle. *Lychnis.*

* Fleur mâle.

* Pétales découpés.

3. Lampette gluante, à pétales entiers, rouges, feuille sé troites. *Lychnis.*
Viv.

A Valvin.

N E L L E.

Cinq pétales.

Calice coriace, d'une feule piece, découpé en cinq lanieres.

Dix étamines, cinq à cinq.

Cinq piftils.

Capfule ovale, à cinq dents.

Plufieurs femences pointillées, ayant chacune fon placenta.

1. Nelle velue, à fleurs rouges. *Lychnis.* Ann.

A Belleville.

* Fleurs blanches.

G I P S E R E.

Cinq pétales.

Calice en cloche, perfiftant, découpé en cinq.

Dix étamines.

Deux ftiles au piftil.

Capfule ronde, fimple, à cinq dents.

1. Gipfere, à pétales crenelés, échan-

crés , calice à cinq angles , tige divisée de deux en deux , feuilles en lacet,
plates. *Lychnis.*

A Bondy.

SAVONERE.

Cinq pétales.

Calice oblong , découpé en cinq ,
persistant.

Dix étamines, cinq à cinq , insérées
aux onglets des pétales.

Deux stiles.

Capsule oblongue , simple.

1. Savonere officinale , à feuilles
ovales , élancées , calice cilindrique.
Lychnis. Viv.

A Seve.

2. Savonere-vachere , à feuilles ovales , pointues , assises , calice piramidal, à cinq angles, fleur rouge. *Lychnis.*
Ann.

* Fleur blanche.
A Cachan.

CUCUBALE.

Cinq pétales échancrés.

Calice en cloche, à cinq dents , persistant.

Dix étamines, cinq à cinq.

Trois stigmates cotoneux , qui se tournent vers le soleil.

Baie.

1. Cucubale , à tige branchue , baie noire. *Cucubalus*. Viv.

A Saint-Maur.

LIN.

Corolle en entonnoir. Cinq pétales.

Calice de cinq feuilletes , persistant.

Cinq étamines.

Cinq stiles au pistil.

Capsule courte , à dix loges , & cinq panneaux ; semences lisses , aplaties.

» Feuilles sans queue.

1. Lin des fileuses , à feuilles étroi-

tes, élancées, alternes. *Linum.* Ann.

2. Lin vivace, à feuilles étroites, alternes, fleurs couleur de chair, ou pourpre clair. *Linum.* Viv.

A Saint-Germain.

3. Lin purgatif. Linet, à tige bifurquée, feuilles opposées, ovales, élancées, petite fleur terminée en pointe. *Linum.* Ann.

A Bondy.

STELLINE.

Cinq pétales fendus en deux, qui se flétrissent.

Calice de cinq feuilletes, persistant.
Dix étamines, inégales.
Trois stiles au pistil.
Capsule ovale, simple, qui s'ouvre en six.

1. Stelline des bois, à tige fort élevée, feuilles en cœur, fleurs en panicule. *Alsine.*

A Gentilly.

2. Stelline des prés, à feuilles élancées, légerement dentées en lime. *Alfine*.

A Meudon.

3. Stelline finerbe, à feuilles longues & étroites, feuilles en panicule. *Alfine*.

A Gentilly.

* Fleur mâle.

MORGELINE.

Cinq pétales.
Calice de cinq feuilles, perfiftant.
Cinq étamines.
Trois ftiles au piftil.
Capfule ovale, fimple.

1. Morgeline des moiffons, à feuilles comme des fils, toutes tournées du même fens, ftipules membraneufes, engaines, fleurs en forme d'ombelle, pétales entiers. *Alfine*. Pl. 3. f. 3. Ann.

A Rouffigny.

2. Morgeline moyenne. Petit Mouron, à feuilles ovales, en cœur, pétales échancrés en cœur. *Alfine*. Ann.

* Petites feuilles frisées, pointues.

ESPARGOUTE.

Cinq pétales.

Calice de cinq feuilletes, persistant.

Capsule ovale, simple, à cinq panneaux.

" Stipules embrassant la tige.

(A)

Dix étamines.

1. Espargoute noueuse, à feuilles en alène, lisses, opposées, fleurs solitaires. *Alsine*. Viv.

A Bondy.

2. Espargoute saginete, à tige rampante, feuilles très étroites, lisses, opposées, fleurs solitaires sur de très longs pédicules. *Alsine*.

A Saint Lucien.

3. Espargoute des champs, à feuilles verticillées, fleurs deux à deux, fruit pendant. *Alsine*. Viv.

A Meudon.

(B)

Cinq étamines seulement.

4. Efpargoulete , à feuilles à filet,
verticillées, femences nues, fans bordure. *Alfine.* Ann.

A Bondy.

S A B L I N E.

Cinq pétales ovales.

Calice de cinq feuilletes , perfiftant.

Dix étamines, fur deux rangs.

Trois piftils.

Capfule ovale , fimple , qui s'ouvre
en cinq par le haut.

1. Sabline délicate , à feuilles en alène , fleurs courtes , découpures du calice pointues , avec de petites appendices membraneufes. *Alfine.* Pl. 3. f. 1.
Viv.

A Gentilly.

2. Sabline des roches , à feuilles en
alène , découpures du calice obtufes ,
avec de larges appendices membraneufes , beaucoup de fleurs blanches. *Alfine.* Pl. 2. f. 3. Viv.

A Chantilly.

3. Sabline moyenne, à feuilles étroites, charnues, ftipules membraneufes,
en collet, femences bordées. *Alfine.*
A Franchard.

4. Sabline mélefine, à feuilles étroites, élancées, calice velu, grande
fleur. *Alfine.* Viv.
A Fontainebleau.

5. Sabline trinerve, à feuilles ovales,
pointues, avec des nervures en long,
& à queue. *Alfine.* Ann.
A Meudon.

6. Sabline en buiffon, à feuilles ovales, pointues, affifes, pétales très courts.
Alfine. Ann.

7. Sabline rouge des champs, à feuilles étroites, de la longueut des entrenœuds, ftipules membraneufes, en gaîne. *Alfine.* Ann.
A Chamuffon.

8. Sabline des marais, à feuilles ovales, pointues. *Alfine.*
A Saint-Leger.

CERAISTE.

Cinq petales, fendus en deux.

Calice perſiſtant, de cinq feuilletes.

Capſule alongée, qui s'ouvre par la pointe, à cinq dents.

(A)

A dix étamines, alternativement longues & courtes.

1. Ceraiſte aquatique, à fleurs ſolitaires, capſule pendante, feuilles en cœur, aſſiſes. *Alſine.*

A Gentilli.

2. Ceraiſte viſqueuſe, velue, à fleurs en bouquet, capſule en corne, courbée & luiſante. *Myoſotis.* Pl. 30. f. 1. Ann.

3. Ceraiſte des champs, à grande fleur; calice velu, feuilles élancées, étroites. *Myoſotis.* Pl. 30. f. 4. Viv.

4. Ceraiſte vulgaire, à petite fleur blanche, tige éparſe, velue; feuilles ovales. *Myoſotis.* Pl. 30. f. 3. Viv.

5. Ceraiſte rampante, argentine,

vivace, dont les articulations se dis-
loquent aisément, feuilles élancées.
Myosotis. Pl. 30. f. 5. Viv.

(B)

A cinq étamines seulement.

6. Ceraiste mineure, petite fleur,
pétales échancrés, tige velue. *Miosotis*
Pl. 30. f. 2. Ann.

A Boulogne. May.

HOLOSTÉE.

Cinq petales, fendus en deux chacun.

Calice de cinq feuilletes, persistant.

Trois étamines.

Trois pistils.

Capsule ovale, à une loge, à trois
panneaux, qui s'ouvre à son sommet.

1. Holostée ombelline, à feuilles opposées. *Alsine.* Pl. 3. f. 2.

MILGRENE.

Quatre pétales.

Calice de quatre feuilles.

Quatre étamines.

Quatre piſtils.

Capſule à huit loges, & quatre pan-neaux.

1. Milgrene, Linette, tige compoſée de deux en deux, feuilles oppoſées. *Chamælinum.* Pl. 4. f. 6. Ann.

A Meudon,

SAGINE.

Quatre pétales évaſés, fort courts.

Calice fort évaſé, de quatre feuille-ces perſiſtantes.

Quatre étamines.

Capſule ovale, à quatre loges, & quatre panneaux.

1. Sagine droite, à feuilles liſſes, iampe portant une, ou trois fleurs. *Al-ſine.* Pl. 3. f. 2.

A Meudon.

Tome II.   G

2. Sagine rampante, à tige & rameaux couchés, fleurs une à une, très
petites & peu durables. *Alsine.*

Au Luxembourg.

MORGINATE.

Quatre pétales évasés, courts.

Calice découpé en quatre feuilles,
persistant.

Huit étamines.

Embrion dans la fleur.

Capsule à quatre loges, & quatre
panneaux.

1. Morginate gratioline, à feuilles
verticillées, étroites sur l'eau, en-
core plus étroites au dessous. *Alsinas-*
trum. Pl. 1. f. 6.

A Bondy.

2. Morginate serpoline, à feuilles
opposées, fleur blanche à quatre pétales. *Alsinastrum.* Pl. 2. f. 2. Ann.

A Fontainebleau.

MORGINETTE.

Trois pétales.

Calice perſiſtant, profondement découpé en trois lobes.

Capſule à trois loges, & trois panneaux.

1. Morginette, à fleur couleur de roſe, feuilles oppoſées. *Alſinaſtrum.* Pl. 2. f. 1. Ann.

A Fontainebleau.

SECTION VIII.

Famille des Jombardes.

JOUBARBE.

Douze pétales.

Calice partagé en douze ſegmens.

Douze étamines.

Embrion dans la fleur.

Une douzaine de capſules, qui s'ouvrent en valiſes.

G ij

1. Joubarbe officinale, à feuilles larges & grasses, à cils, tige florale penchée, garnie de feuilles minces, embriquées, & portant des bouquets de fleurs. *Sedum*. Viv.

Se trouve à Roussigni, sur les toits & les murs.

SEDOM.

Corolle évasée, cinq pétales.

Calice partagé en cinq, persistant.

Cinq pistils, avec chacune une petite écaille à leur base.

Cinq capsules, qui s'ouvrent en long.

(*A*)

1. Sedom blanc, à feuilles assises, oblongues, obtuses, presque cilindriques, épanouies, fleurs en cimier ramifié. *Sedum*.

2. Sedom rougeâtre, à feuilles en fuseau aplati, celles d'en bas quatre à quatre; petites fleurs en cimier: cinq étamines rabatues. *Sedum*. Ann.

A Boulogne.

3. Sedom-cepée, à tige branchue, feuilles plates, fleurs en panicule. *Sedum.* Ann.

A Seve.

4. Sedom-trique. Triquemadame, à petites feuilles en alênes, à base lâche, fleurs jaunes en cimier. *Sedum.*

* A rameaux de fleurs penchés.

A Seve.

5. Sedom vermiculaire, à feuilles assises, alternes, en vermisseaux, assez droites, fleurs en cimier fendu en trois: goût âcre & presque brulant. *Sedum.* Viv.

6. Sedom de Portland, à feuilles ovalaires, reunies par leur base plusieurs ensemble d'étage en étage, fleurs jaunes en grapes : saveur aqueuse, sans âcreté. *Sedum.* Viv.

* A tige monstrueusement large.

A Fontainebleau.

7. Sedom annuel, à tige unique, droite, très petite, cime courbée, feuilles alternes, assises, ovales, bos-

fées, fleur blanche : fans âcreté. *Sedum.*
Ann.

8. Sedom velu, à tige droite, feuilles aplaties, à queue, un peu velues.
Sedum.

Dans les marais.

(*B*)

Tige vivace.

1. Orpin purpurin, à fleurs en corimbe feuillé, terminant, tige ferme,
feuilles épanouies, bosselées, dentées
en fcie. *Anacampferos.* Arbr.

A St. Prix.

G R A S S O L E.

Quatre pétales courts.
Calice plat, decoupé en quatre.
Quatre étamines.
Quatre piftils.
Quatre capfules, qui s'ouvrent en
valifes.

1. Graffole aquatique, à tige compofée de deux en deux, feuilles en

lacet, pointues, fleurs couleur de rose.
Sedum. Pl. 18. f. 2. Ann.

A Linas.

T I L L I.

Trois pétales.

Calice decoupé en trois.

Trois étamines.

Capsules qui s'ouvrent en valises.

1. Tilli mousset, à feuilles confluentes; tige couchée, fleurs axillaires.
Sedum.

A Versailles.

S E C T I O N I X.

Familled es Malvacées.

M A U V E.

Cinq pétales égaux, unis par leur
base.

Double calice, exterieur de trois

piéces, intérieur decoupé en cinq.

Fruit composé de plusieurs coques, disposées en rond autour d'un moyeu, & contenant chacune une semence applatie sur les côtés.

(A)

» Fleurs axillaires, par toupets.
» Feuilles anguleuses, & légere-
» ment découpées.

1. Mauve commune, à tige droite, feuilles découpées en main peu ouverte, & un peu dentées en scie; *Malva*. fleur grande purpurine. Viv.

* Fleur blanche.

2. Mauve mineure, rampante, à feuilles presque rondes, découpées en cinq lobes peu apparens; petite fleur. *Malva*. Ann.

(B)

» Feuilles découpées profondement,
» presque jusqu'à leur base.

3. Alcée majeure. Herbe de St. Simeon, à tige droite, feuilles larges,

découpées en beaucoup de segmens, un peu rudes. *Alcea.* Viv.

A Meudon.

* Feuilles comme déchiquetées.

A Verrieres.

4. Alcée mineure, à tige droite, feuilles d'en-bas arondies, celles d'en-haut découpées très menu. *Alcea.* Viv. Le calice se renfle pour enveloper le fruit.

A Versailles.

G U I M A U V E.

Cinq pétales égaux, unis par leur base.

Double calice : exterieur découpé en neuf segmens inégaux, intérieur en cinq.

Quantité d'étamines, à filets réunis en cylindre.

Fruit composé de plusieurs coques, disposées en rond autour d'un moyeu, & contenant chacune une semence applatie sur les côtés.

G v

(A)

„ Fleurs axillaires.

1. Guimauve officinale, à feuilles simples, cotoneuses, blanchâtres, fleurs tirant du blanc au rouge. *Althæa.* Viv.

A Berni.

(B)

Calice exterieur découpé en huit segmens.

2 Bisalce, à feuilles découpées en trois, & hérissées de poils en dessous. *Alcea.*

S E C T I O N X.

Famille des Legumineuses.

O R D R E P R E M I E R.

Arbres.

G E N E S T.

Fleurs en epi terminant.
Gousse ronde & longue.

1. Geneſt à balais, tiges anguleuſes, feuilles ſimples, & feuilles en trefle. *Cytiſ geniſta.*

* Fleur blanche.

A Dourdan.

A G A C I A.

Fleurs en épi axillaire, pendant.

Gouſſe plate, liſſe.

1. Agacia épineux, à feuilles ailées, terminées par une feuillete impaire, ſtipules épineuſes. *Pſeudo-acacia.*

B A G U E N A U D I E R.

Fleurs en épi terminant.

Gouſſe mince, en veſſie ſouflée.

1. Baguenaudier, à feuilles ailées, feuilletes ovales, en cœur. *Colutea.*

C I T I S E.

Fleurs en grapes, pendantes.

Gousse roide, oblongue, obtuse, à base étroite.

1. Citise des Alpes, à feuilles ova-es, oblongues. *Cytisus.*

ORDRE SECOND.

Herbes.

JOMARIN.

Cinq pétales.

Calice de deux pieces, persistant.

Gousse épaisse, oblongue, contenant quelques semences échancrées.

Tige un peu velue, armée de piquans plus apparens que les feuilles.

1. Jomarin, ayant sous chaque épine une stipule en alene, épines courtes. *Genista-spartium.*

A Meudon.

* Epines longues.

A Saint Prix.

F E V E.

Stigmate barbu.

Gouffe épaiffe.

Semences oblongues, applaties, attachées par un bout à un cordon ombilical.

    » Tige ferme.

    » Fleurs axillaires.

    1. Feve, petite. *Faba.*

    * Grande.

V E C E.

Stigmate barbu.

Gouffe coriace, terminée par une
pointe, & contenant plufieurs femences arrondies.

    » Feuilles empennées, feuilletés
    » deux à deux, côte terminée par une
    » vrille.

    1. Vece des Jardins, à gouffes droi-
tes, affifes, ordinairement deux à deux,
feuilletes émouffées, ftipules tachetées,
femences noires. *Vicia.* Ann.

* Semences grifes.

* Semences rouge - tendre.

* Feuilletes d'en-bas ovales, celles d'en haut étroites, femences rondes, noires.

A Satauri.

* Gouffes folitaires, axillaires.

2. Vece des haies, à gouffes en pied, relevées, ordinairement quatre à quatre, feuilletes ovales, entieres, inégales entr'elles. *Vicia.* Viv.

* Gouffes toujours deux à deux.

3. Vece étrangere, à gouffe large, liffe, pendante, contenant quatre femences, feuilletes en lacet, échancrées, fleur violete. *Vicia.* Ann.

A Bondy.

4. Vece jaune, à étendart liffe, gouffe affife, folitaire, rabatue, velue, contenant cinq femences, fleur jaune. *Vicia.* Ann.

A Seve.

* Fleur blanche.

5. Vece des buiffons, à plufieurs

fleurs fur même pédicule, feuille es
ovales, repliées, terminées en pointe,
ftipules un peu dentées. *Vicia.* Viv.

A Bondy.

* Fleur blanche.

6. Vece craque, à bouquet de fleurs
embriquées, feuilletes élancées, cotoneufes, ftipules pointues. *Vicia.* Viv.

* Fleur bleuâtre.

* Violete.

* Rouge - clair.

* Fleur grande.

* Petite.

A Seve.

* Epi très long, fleur violete.

* Vivace, à fleur blanche.

A Berny.

7. Vece-Arouffe, grande, précoce,
blanchâtre, à fleur rouge clair, gouffe
velue. *Vicia.*

8. Vece pififorme, à plufieurs fleurs
fur un pédicule, feuilles ailées, feuilletes ovales, celles d'en-bas affifes. *Pifum.* Viv.

E R S.

Etendart grand , plat.

Calice long.

Gouſſe noueuſe , ondée par les ſemences , qui ſont arrondies.

1. Ers. Erville , à gouſſe pendante ,
vivrée , feuilles conjuguées , feuillete
terminante. *Ervum*. Ann.

2. Ers de Sologne , à fleurs deux à
deux ſur chaque pédicule ; ſemences
quarrées , deux feuilletes obtuſes , vrilles courtes. *Vicia*.

3. Ers liſſe , ayant ſur chaque pédicule deux fleurs, dont une avorte ſou-
vent ; gouſſe liſſe , contenant quatre
ſemences rondes. *Vicia*. Ann.

A Meudon.

4. Ers velu , à pluſieurs fleurs ſur un
pédicule axillaire , gouſſe velue , en
veſſie , contenant deux ſemences en
bouletes, feuilles conjuguées , feuilletes dentées. *Vicia*. Ann.

LENTILLE.

Etendart grand, replié fur les côtés.

Semences rondes, aplaties, *lenti-culaires* en un mot.

» Feuilles conjuguées, vrille termi-
» nante.

1. Lentille, petite. *Lens.*
* Grande.

BUGRANE.

Etendart rayé, applati.

Calice découpé en cinq.

Dix étamines réunies toutes enfemble.

Gouffete renflée, velue.

Semences en forme de rein.

» Fleurs éparfes le long des tiges.

» Feuilles en trefle, & feuilles fim-
» ples, dentées, & avec ftipules den-
» tées.

1. Bugrane. Arrêtebœuf, épineufe,
à fleurs folitaires, prefque fans queue,

couleur de pourpre. *Anonis.* Viv.

  * Fleur blanche.

  * Fleur rouge-pâle.

  * Epineuse, droite, ligneuse.
A Neuilly.

  2. Bugrane visqueuse, sans épines, à fleurs jaunes, grandes, solitaires, à barbillons, gousse pendante. *Anonis.*
A Vincenne.

  3. Bugrane mineure, à fleur jaune, petite, feuilles à très longues queues, calice à barbillons, stipules comme des soies. *Anonis.*
A Seve.

S A I N F O I N.

Fleur rayée.
Gondole taillée presqu'à angle droit.
Ailes fort courtes.
Goussete ridée, hérissée de pointes.
Semences en forme de rein.
  » Fleurs en épi.
  1. Sainfoin.-Tête de coq, à feuilles

conjuguées, pointillées, côte terminée par une feuillete impaire. *Onobrychis.* Viv.

LUSERNE.

Etendart de la corolle renversé.

Carene écartée de l'étendart.

Calice à cinq pointes égales.

Gouffete en tirebourre, ou en coquille de limaçon.

„ Feüilles en trefle.

(*A*)

1. Luserne pluriforme, orbiculaire, à tige éparpillée, ftipules dentées. *Medica.*

* —— Arabique, liffe, à taches noirâtres.

* —— Couronnée, à feuilletes obtufes, crenelées, plufieurs gouffes torfes.

* —— Rigidule, à gouffe noire, armée de piquans.

N. B. La gouffe fait cinq tours de fpirale.

A Vaugirard.

* —— Mineure, à stipules entieres, gousse hérissée d'aiguillons crochus, tournés en dedans & en dehors alternativement.

(B)

Goussete circulaire, en faucille, ne faisant qu'un seul tour, ou un seul pas de vis.

2. Bourgone couchée, à fleurs jaunes, en épi lâche, ou en grape, gousse en croissant. *Medicago*. Viv.

* Fleur jaune - pâle.

* Fleur verd de mer.

* Mêlée de jaune & de violet.

3. Bourgone droite, à fleurs en grape, gousses torses. *Medica.* Viv.

* Fleur rougeâtre.

* Fleur violete.

* Fleur blanche, bleuâtre.

(C)

Goussete en forme de rein, contenant une seule semence.

» Feuilles en trefle.

4. Mirlirot, à tige couchée, fleur

jaune, gouffes nues, en épi, ou tête ovale. *Mellotus*. Bifann.

LOTIER.

Etendart rabatu ; ailes raprochées par le haut.

Calice à cinq dents pointues.

Gouffe cilindrique, ferrée, qui femble partagée en plufieurs loges par de petits diafragmes.

„ Feuilles compofées, avec deux fti-
„ pules en oreillete.

1. Lotier filiqueux, à fleurs jaunes, folitaires, gouffe à quatre angles membraneux, feuilles cotoneufes en deffous, tige couchée. *Lotus*.

2 Lotier corniché, à tige herbacée, fleurs en tête rabatue, gouffe ronde, couchée, liffe, feuilles comme en quintefeuille. *Lotus*. Viv.

* Feuilletes longues & étroites.
* Gouffe velue, à cornichons.
* A tige droite, fleur en cimier,

gousses pendantes, cinq feuilletes.

* Grande fleur jaune.

A Arcueil.

* Velue, blanchâtre.

A Versailles.

* Lisse.

A Arcueil.

GRIFFETE.

Gondole très petite.

Gousse très menue, arquée, relevée de petits nœuds fragiles.

» Fleurs disposées en rond sur une » queue commune, comme en om- » belle simple.

1. Griffete. Pied d'oiseau, à feuilles empennées, gousses lisses, racines tuberculeuses. *Ornitopodium.* Ann.

FERQUEVAL.

Gondole en croissant.

Gousse aplatie, très longuë, courbée en fer de cheval, échancrée, & con-

tenant dans chaque échancrure une semence oblongue , arquée.

» Feuilles ailées, côte terminée par
un aileron.

» Fleurs en ombelle simple.

1. Ferqueval. Fer de cheval, à gousses
drues, chacune avec son pédicule. *Fer-
rum equinum.*

A Saint Cloud.

Pois.

Etendart de la fleur très large , replié.

Calice découpé inégalement en cinq.
Stile triangulaire , membraneux , en
carene.

Gousse longue , terminée en pointe ,
& contenant plusieurs semences arrondies , ou pois.

» Tige fistuleuse ; foible ; quelques
» feuilles enfilées par la tige , la plû-
» part sont conjuguées, les feuilletes

» rangées par paires fur une côte termi-
» née par une vrille.

» Deux grandes ftipules à chaque
feuille.

1. Pois des jardins, à fleurs blanches,
plufieurs enfemble, ftipules crenelées.

G E S S E.

Etendart très grand, replié par la
pointe & par les côtés.

Gouffe plus ou moins anguleufe,
contenant plufieurs femences.

(*A*)

» Tige aplatie, avec une côte ailée,
» & des bords feuillés.

» Feuilletes deux à deux fur une côte
» terminée par une vrille fourchue.

1. Geffe des jardins, à fleurs blanches, une à une, gouffe ovale, aplatie,
le dos relevé d'une double bordure,
vrilles ramifiées. *Lathyrus.* Ann.

* Fleurs purpurines.

2. Geffe

2. Gesse anguleuse, à fleurs solitaires, à barbillons, semences anguleuses, feuilletes en lacet. *Lathyrus*. Ann.

3. Gesse velue, à feuilletes élancées, étroites, fleurs deux à deux, gousse velue, semences rudes. *Lathyrus*.

4. Gesse sauvage, à feuilletes en lame d'épée, plusieurs fleurs sur un pédicule, entrenœuds membraneux. *Lathyrus*. Viv.

A Verrieres.

5. Gesse. Pissogous, à tige rampante nue dans ses entrenœuds, feuilletes ovales, plusieurs fleurs sur un même pédicule. *Lathyrus*.

Au Bourg-la-Reine.

6. Gesse. Chourle, à feuilletes élancées, vrilles simples, plusieurs fleurs sur un pédicule. *Lathyrus*. Viv.

A Montmorency.

7. Gesse des marais, à plusieurs fleurs bleuâtres sur un même pédicule, gousse droite, lisse, six feuilletes, stipules élancées. *Vicia*. Viv.

Tome II.   H

(*B*)

„ Feuilles empennées, côte termi-
„ née par une vrille ramifiée.

8. Geſſe. Climene, à pluſieurs fleurs,
deux à deux ſur un même pédicule,
ſtipules dentées, fleurs bleues. *Clyme-*
num. Viv.

A Cachan.

* Fleurs gris-de-lin.

(*C*)

„ Feuilles ſimples, & ſans vrilles.
9. Geſſe. Niſſole, à ſtipules en alene,
feuilles en lacet, fleur rougeâtre, unique. *Niſſolia.* Ann.

A Livry.

(*D*)

„ Point de feuilles.
„ Vrilles accompagnées de deux ſti-
pules en oreilles, qui embraſſent la tige.
Semences noires.

10. Geſſe. Afaque, uniflore. *Aphaca.*
Ann.

A Verſailles.

O R O B E.

Gondole fendue par en bas, aplatie par ſes bords, & renflée dans ſon fond.

Calice à cinq dents, aplati par ſa baſe, & qui ſe fane.

Gouſſe cilindrique, à pointe droite, & contenant pluſieurs ſemences ova-les.

» Fleurs en épi, affectant un ſeul côté.

» Feuilles conjuguées, côte termi-» née par un éperon.

1. Orobe printanier, à tige très ſim-ple, feuilletes élancées, oblongues, ſti-pules en demi fer de fleche. *Orobus.* Viv.

A Meudon.

C O R O N I L L E.

Etendard replié, court.
Calice labié, à quatre à cinq dents.
Gouſſe très longue, articulée, con-

H ij

tenant dans chaque phalange une femence oblongue.

» Fleurs difposées comme en cou-
» ronne, ou ombelle fimple, fur un pé-
» dicule commun.

» Feuilles épaiffes, liférées de blanc.

1. Coronille pannachée, à tige herbacée, feuilles drues, liffes, gouffe
cilindrique, fleur panachée. *Coronilla.*
Ann.

A S. Cloud.
* Fleur blanche.
* Fleur double.

2. Coronille mineure, à tige très
baffe, dure, feuilletes élancées, neuf à
neuf, gouffes anguleufes, pendantes,
ftipules en oppofite aux feuilles. *Coro-*
nilla. Viv.

A Fontainebleau.

A S T R A G A L E.

Long étendard.
Gouffe en dos d'âne en deffus, creu-
fée en goutiere en deffous. Cette

gouſſe a deux loges, contenant chacune un rang de ſemences attachées à leurs dos.

Semences en forme de rein.

» Feuilles ailées, la côte terminée » par une feuillete impaire.

1. Aſtragale - orgliſſe, couchée, à gouſſe en forme de croiſſant, fleur jaune, feuilles ovales, oblongues. *Aſtragalus*. Viv.

GENESTROLE.

Etendard rabatu.

Calice quaſi labié, à cinq dents, (deux & trois)

Gouſſe renflée, aplatie, renfermant pluſieurs ſemences.

» Fleurs comme en épi, vers l'extré-» mité des tiges & des branches.

» Feuilles alternes.

(*A*)

1. Geneſtrole des teinturiers, à ra-

meaux rayés, feuilles élancées, lisses.
Genista. Arbr.

A Meudon.

* Feuilles étroites.

A Lucienne.

2. Geneſtrole velue, à tige couchée, tuberculeuſe, branchue, feuilles en fer de lance émouſſé. *Geniſta.* Arbr.

Au Calvaire.

3. Geneſtrole Angloiſe, à gouſſe en S, tige baſſe, hériſſée de piquans, branches ſans piquans, feuilles élancées.*Geniſta-ſpartium.* Arbr.

A Verrieres.

(B)

Gouſſete renflée, qui ne s'ouvre jamais d'elle-même, & qui renferme une ſeule ſemence.

4. Geniſtelle, à tige rampante, rameaux quaſi triangulaires, articulés & feuillés, feuilles ovales, élancées. *Geniſtella.* Viv.

A Meudon.

VULNERIERE.

Etendard long, replié fur les côtés.

Calice en tuyau, qui fe renfle comme une veffie.

Gouffete renfermée dans le calice, & ne contenant gueres qu'une femence arrondie.

» Fleurs ramaffées en une tête.

1. Vulneriere ruftique, à feuilles conjuguées, feuilletes rangées deux à deux fur une tête terminée par une feuillete impaire, & un peu plus grande. *Vulneraria*. Viv.

* Fleurs en double tête.

HARICOT.

Gondole de la fleur étroite, tournée en fpirale, fuivant le foleil.

Calice en tuyau labié, babine fupérieure échancrée, inférieure à trois dents.

Etamines tournées en fpirale.
Piftil tourné en fpirale.

H iv

Gousse contenant plusieurs semences
en forme de rein.

» Feuilles en trefle, avec des stipu-
» les.

1. Haricot vulgaire, à gousse pendante, tige enroulée. *Phaseolus.*
* Petit Haricot.

FENUGREC.

Gondole de la fleur peu apparente.
Gousse en forme de corne.
» Fleurs axillaires.
» Feuilles en trefle.

1. Fenugrec vulgaire, à tige droite,
gousse assise, serrée, arquée en faucille.
Fœnumgræcum. Ann.

2. Fenugrec de Montpellier, à tige
couchée, gousses courtes, arquées,
assises, penchées, accumulées, pédicule à pointe tendre. *Fœnumgræcum.*
A Seve.

TRIOLET.

Quatre pétales qui se fanent.
Calice à cinq dents.

Gouffete univalve, peu durable, renfermée dans le calice.

» Fleurs en boulon.

» Feuilles en trefle, velues.

(A)

1. Triolet rampant, à petites têtes ombelliformes, fleur blanche, gouffete liffe, contenant quatre femences. *Trifolium*. Viv.

* Fleur couleur de chair.

* Tête garnie de feuilles.

* Feuilletes terminées par des cils.

2. Triolet rayé, à petites têtes ovalaires, attachées aux nœuds de la tige, petite fleur rougeâtre, calice arrondi, rayé, velu. *Trifolium*. Pl. 33. f. 2.

A Boulogne.

3. Triolet fcabreux, à épis rudes, ovalaires, latéraux, affis, petites fleurs blanches. *Trifolium*. Pl. 33. f. 1. Ann.

A Seve.

(B)

Calice velouté, comme une pate de lievre.

H v

» Fleurs en épi.

4. Triolet incarnat, à feuilletes arrondies, épi oblong, obtus, gouffetenue, fleur incarnate, pâle. *Trifolium.* Ann.

5. Triolet - lagopin, à épi ovale, dents du calice foyeuses, égales, veloutées. *Trifolium.* Ann.

(*C*)

Etendard de la corolle plié, perfiftant, épi ovale, embriqué, en tête de Houblon.

6. Triolet des montagnes, à tige droite, feuilletes élancées, dentées en fcie, fleurs en petite tête terminante, fleur blanche, étendard en alene. *Trifolium.* Viv.

A Fontainebleau.

7. Triolet houblin, à tige droite, fleur jaune, calice nud. *Trifolium.* Ann. Pl. 22. f. 3.

A Montmorency.

8. Triolet couché, à fleur fafranée *Trifolium.* Viv.

9. Triolet en filet, à tige couchée, calice à queue, feuilletes échancrées. *Trifolium.* Ann.

(D)

Goussetes noires, ridées, non recouvertes du calice.

Epis longs.

» Feuilles en trefle.

10. Melilot officinal, à tige droite, fleurs jaunes en grape, ou épi très long, gousse renfermant deux semences. *Melilotus.*

* Fleurs blanches.

* Gousse longue & pointue.

A Auteuil.

* Tige dure.

A Lay.

TREFLE.

Un seul pétale, qui se desseche sans tomber.

Calice persistant.

Goussete renfermée dans le calice.

» Fleurs en épi serré.

H vj

„ Feuilles compofées de trois feuil-
„ letes.

1. Trefle des prés , à épis velus ,
gros & courts, tige épanouie , feuilletes entieres , fleurs courtes & rouges.
Trifolium. Viv.

A Palaifeau.

* Fleur blanche.

* Fleur jaunâtre.

2. Trefle rougeâtre , à épis alongés ,
velus, tige droite , feuilletes oblongues, entieres, fleurs rouges. *Trifolium.* Ann.

A Seve.

* Epis fort longs , feuilles dentées en
fcie.

3. Trefle metis, à petites têtes rondes , ombelliformes, tige haute , creufe , feuilletes ovalaires , dentées en
fcie , fleurs blanches , gouffe renfermant quatre femences. *Trifolium.* Ann.
Pl. 22. f. 5.

A Palaifeau.

(*B*)

Calice à deux dents, replié.

» Fleurs en épi court, ou tête arron-
» die en guise de fraise.

4. Trefle capiton, à tige rampante,
feuilletes oblongues, fleur rouge. *Tri-*
folium. Pl. 22. f. 2. Viv.

A Ville-d'Avray.

*Fleur blanche.

(*C*)

» Fleurs réunies en une tête, termi-
» née par une envelope roide, qui se
» replie pour la couvrir.

» Le pédicule se tortille & se rabat
» pour enterrer ses semences.

5. Trefle semeur, à fleurs cinq à cinq
en une tête velue. *Trifolium.* Ann.

A Ville d'Avray.

SECTION XI.

Famille des Campaniferes.

JASION.

Corolle profondement découpée en cinq.

Calice propre à cinq dents, perſiſtant.

Capſule à deux loges, ſous le calíce.

Pluſieurs fleuretes aggrégées, en boulon.

Calice commun de dix feuilletes, cinq à cinq.

1. Jaſion, à feuilles élancées, étroites, fleurs bleues. *Rapunculus.*

A Seve.

* Fleurs blanches. Ann.

CAMPANULE.

Fleur en cloche, qui ſe fane, découpée en cinq par ſa pince.

Calice ſur l'embrion.

Capſule à trois loges, ayant chacune

un trou sur le côté, par où les semences s'échapent.

1. Campanule pelotée, à tige anguleuse, simple, fleurs assises, en peloton terminant. *Campanula.* Viv.

A Seve.

* Feuilles éparses sur les tiges, une à une.

2. Campanule. Raiponse, à tige très branchue, étendue, feuilles ovales, élancées, ondées, fleurs bleues en pannicule serrée. *Campanula.* Bisann.

* Fleur blanche.

3. Campanule vulgaire, à feuilles d'en-bas en rein, celles de la tige longues & étroites, fleurs bleues : une ou deux fleurs au sommet. *Campanula.* Viv.

* Fleur grise.

* Fleur blanche.

A Meudon.

4. Campanule - feuille de pêcher, à feuilles d'en-bas ovales, celles de la tige assises, élancées, étroites, un peu dentées en scie, peu de fleurs. *Campanula.* Viv.

5. Campanule inclinée, à tige branchue, feuilles élancées, en cœur, calice retourné, fleurs toutes d'un côté. *Campanula*. Ann.

A Gentilly.

6. Campanule lierrete, à tige flasque, feuilles lisses, en cœur, à cinq lobes. *Campanula*.

7. Campanule trachele, à tige anguleuse, feuilles en cœur, calice bordé de cils, pédicule fendu en trois. *Campanula*. Viv.

A Verriere.

* Fleur rouge-clair.

* Fleur blanche.

MIRETTE.

Corolle fort évasée.

Calice très long.

Capsules à colonnes.

1. Mirette. Doucete, à tige droite, branchue, feuilles oblongues, crenelées, fleur gris de lin. *Campanula* Ann.

A Vaugirard.

* Fleur blanche.

* Tige basse, rampante.

REPONSETE.

Fleur découpée en étoile, à cinq rayons recourbés.

Calice découpé en cinq.

Capsule lisse, à deux à trois loges.

1. Reponsete orbiculaire, à épi rond, capsule à trois loges, feuilles en cœur, dentées en scie. *Rapunculus.*

A Franchard.

2. Reponsete à épi, feuilles en cœur, élancées, épi oblong, fleur blanche, capsule à deux loges. *Rapunculus.*

A Jouy.

* Fleur jaunâtre.

LOBELE.

Pétale à tuyau oblong, pavillon découpé en cinq segmens inégaux, qui forment comme deux levres.

Calice à cinq dents, un peu inégales, qui se fane.

Capsule ovale.

Cinq étamines, réunies par leurs sommets.

1. Lobele, à feuilles ovales, oblongues, fleurs en grape, tige droite, fleur violete, ou bleue. *Rapuntium.* Ann.

A Saint-Leger.

SECTION XII.

Famille des Solanons.

ESTRAMON.

Pétale en forme de trompete, dont le pavillon est plissé, à cinq pans.

Calice en tuyau renflé, à cinq dents, tombant en partie.

Capsule hérissée de piquans, à deux loges, & quatre panneaux.

» Les fleurs partent de l'enfourchure

» des branches , ou des aiſſelles des
» feuilles.

1. Eſtramon , à feuilles ovales , liſſes,
fétides , capſule ovale , étroite. *Datu-
ra-Stramonium*. Ann.

MORELLE.

Pétale en roue. Limbe pliſſé , découpé en cinq.

Calice découpé en cinq , perſiſtant.

Baie liſſe , terminée par un point , à
deux loges.

» Semences de goût vineux.

» Fleurs ſous les feuilles.

1. Morelle noire , officinale , à tige
herbacée , feuilles ovales , anguleuſes,
fleurs en cimier pendantes , baies noirâtres. *Solanum*. Ann.

* Feuilles tachetées de blanc.

* Baies rouges.

* Baies jaunes.

2. Morelle. Patate. Trufe rouge , à
tige herbacée , feuilles empennées , racines en trufe. *Solanum*. Ann.

3. Morelle. Douſſamere. Vigne de Judée, à tige grimpante, feuilles en fer de pique, fleurs en grape, aux cimes. *Solanum.* Arbr.

* Fleur blanche.

BELDONE.

Pétale en cloche, découpé en cinq à ſon bord.

Calice découpé en cinq, perſiſtant.

Baie ronde, à deux loges.

» Fleurs axillaires.

» Feuilles ovales, entieres. *Belladona.* Viv.

A Joyenval.

COQUERET.

Pétale en roue, bord pliſſé & découpé en cinq ſegmens.

Calice d'une ſeule piece, à cinq angles & cinq pointes, qui ſe renfle en veſſie, ſe colore, & renferme une baie.

Baie ronde, à deux loges.

1. Coqueret, à tige simple, feuilles deux à deux, en cœur, élancées, fleurs solitaires. *Alkekengi.* Viv.

A Berny.

* Feuilles tachetées.

SECTION XIII.

Famille des Curbitacées.

MORDIQUE.

Deux sortes de fleurs sur le même individu.

Corolle unipétale, évasée, ridée, veinée, adhérente au calice.

Calice fendu en cinq segmens évasés.

Fleur mâle :

Trois étamines, dont deux des anteres semblent doubles.

Fleur femele :

Embrion sous la fleur.

Fruit en pommete oblongue, à trois loges molletes. Ce fruit se détache avec explosion.

1. Mordique élastique. Concombre sauvage, à tige sans vrilles, fruit hérissé. *Momordica-Elaterium.*

BRIONE.

Pétale en cloche évasée, découpé en cinq, & attaché au calice.

Calice en cloche, à cinq dents.

Embrion sous la fleur fertile.

Baie simple, ovale, rouge, lisse.

» Il y a dans la même espece deux » fortes d'individus.

1. Brione blanche. Couleuvrée, à feuilles en main ouverte, rudes. *Bryonia.* Viv.

A Charenton.

SECTION XIV.

Famille des Apocinées.

PERVENCHE.

Pétale en foucoupe, ou tuyau, qui fe termine en rofete, à cinq découpures équarries.

Calice découpé en cinq, perfiftant.
Embrion dans la fleur.

Deux follicules oblongs, pointus, qui s'ouvrent en valifes.

» Sarmens rampans.

» Feuilles oppofées.

1. Pervenche mineure, à feuilles ovales, élancées, fleur bleue, fur un pédicule, feuilles étroites. *Pervinca.* Arbr.

A Meudon.

* Fleur blanche.
* Feuilles larges.

ASCLEPIADE.

Pétale découpé en étoile.

Calice très court, à cinq pointes.

Cinq nectaires.

Cinq étamines, recouvertes d'un chapiteau.

Embrion dans la fleur.

Deux follicules longs & pointus, qui s'ouvrent en valises.

Semences à aigretes soyeuses.

» Fleurs par bouquets.

» Feuilles simples.

1. Asclépiade. Domptevenin, à tige droite, simple, feuilles ovales, avec des cils à leur base, fleurs blanches en grapillons. *Asclepias*. Viv.

* Feuilles marbrées.

* Feuilles noirâtres, velues par le haut.

* Feuilles étroites, fleur jaunâtre.

SECTION

SECTION XV.

Famille des Borraginées.

RAPETTE.

Fleur en rosete.

Tuyau fermé de cinq écailles.

Calice découpé en cinq segmens, ayant chacun deux dents sur les côtés.

Ce calice s'applatit ensuite, se resserre sur les semences, & forme une espece de capsule en crête de coq, contenant quatre semences.

Asperugo. Ann.

A Pincourt.

CINOGLOSE.

Fleur en rosete.

Tuyau fermé par cinq petites écailles.

Calice persistant, profondement découpé en cinq.

Quatre coques hérissées de pointes.

Tome II.   I

1. Cinoglose officinale , à feuilles élancées , ovales, fleur courte. *Cynoglossum.* Ann.

* Fleur blanche.

A Palaiseau.

* Fétide.

G R I P E.

Corolle en souscoupe , tube court , limbe plat, à demi fendu en cinq. Gorge fermée de cinq écailles.

Calice fendu en cinq segmens pointus.

Quatre semences ovales.

1. Gripe. Lappule, à semences hérissées de pointes , feuilles élancées , velues. *Buglossum.*

B U G L O S E.

Fleur en tuyau , dont le pavillon est découpé en rosete. Gorge fermée de cinq petites écailles.

Calice découpé en cinq , persistant.

Quatre femences ridées.

1. Buglofe officinale , à tige haute , feuilles élancées, fleurs en épis tournés tous d'un même fens , embriqués. *Buglossum*. Viv.

A Saint-Maur.

2. Buglofe torticoli , à tuyau de la corolle courbé , calice renflé , feuilles élancées , velues. *Buglossum*. Ann.

A Seve.

* Fleurs blanches.

PERLETE.

Tuyau fermé par de petites écailles. Calice découpé à moitié.

1. Perlete des prés , à feuilles lisses. *Lithospermum*. Ann.

2. Perlete en fcorpion , à feuilles velues , ayant leur pointe calleufe , fleurs jaunes. *Lithospermum*. Ann.

A Boulogne.

* Fleurs jaunes & bleues.
* Fleurs bleues.

* Fleurs blanches & bleues.
* Fleurs rouges & bleues.

ELIOTROPE.

Pétale découpé en rosete , avec cinq petites écailles entre ses découpures.

Calice fort court, à cinq dents , permanent.

„ Fleurs en épis roulés par le bout en
„ volute , ou en queue de scorpion.

1. Eliotrope de Dioscoride. Herbe aux verrues, à feuilles ovales , entieres, velues , ridées. *Heliotropium.* Ann,

A Madrid , en automne.
* Odorant.

GRANELLE.

Pétale en rosete , gorge ouverte.
Calice à demi fendu en cinq,
Semences rudes.

1. Granelle des champs , à fleur courte. *Buglossum.* Ann.

A Vaugirard,

GREMIL.

Fleur en rosete.

Tuyau ouvert.

Calice persistant, découpé profondement en cinq.

Semences dures, lisses & polies, comme des perles.

1. Gremil officinal, à tige droite, fleurs courtes, feuilles élancées. *Lithospermum*. Viv.

A Bondy.

PULMONAIRE.

Fleur à tuyau ouvert, pavillon en rosete.

Calice en tuyau, à cinq dents, persistant.

Quatre semences.

1. Pulmonaire officinale, à feuilles radicales ovales, en cœur, rudes. *Pulmonaria*. Viv.

2. Pulmonaire viperée, à feuilles ra-

dicales élancées, fleur rouge & bleue.
Pulmonaria. Viv.

    A Saint-Germain.

    * Fleur rouge.

    * Fleur bleue.

    * Fleur blanche.

    * Feuille non tachetée.

C O N S O U D E.

Fleur en tuyau, terminé par un pavillon en forme de couronne de trépan.
    Calice qui se renfle.
    » Le haut des tiges est feuilleté.
    1. Consoude officinale. Oreille d'a-
ne, à fleur rouge, feuilles élancées,
ovales, courantes. *Symphytum.*

    * Fleur rouge & bleue.

    * Fleur blanche, ou pâle.

    * Fleur jaune.

    * Fleur marbrée.

BOURRACHE.

Fleurs découpées en mollete d'éperon.

Calice qui fe renfle.

1. Bourrache officinale , à feuilles
alternes. *Borrago.* Ann.

VIPERINE.

Fleur irréguliere , gueule béante.
Pétale fendu en cinq inégalement.
Calice durable , découpé en cinq.
Embrions dans la fleur.
Quatre femences au fond du calice
roide.

1. Viperine vulgaire , à tige fimple ,
rude , feuilles velues , élancées , fleurs
en épis latéraux. *Echium.* Bifann.

* Fleur rouge.
* Fleur blanche.
* Tige large.
* Panicule crépue.

SECTION XVI.

Famille des Rubiacées.

GARANCE.

Corolle en clochete, sans tube, limbe fendu en quatre.

Deux baies acollées, affises.

1. Garance des teinturiers, ayant ordinairement ses feuilles six à six. *Rubia.* Viv.

* Majeure.

A Moret.

CROISETTE.

Deux fortes de fleurs, mâle qui avorte, & hermaphrodite, sur le même pied.

Coque.

» Feuilles quatre à quatre, se croisant.

1. Croisette velue, à fleurs axillaires, drues. *Cruciata.* Ann.

ABelleville.

2. Croisette des marais, à tige étalée,
feuilles ovales, inégales, fleur blanche.
Cruciata. Viv.

* Feuilles étroites, bleuâtres.

A Chailly.

3. Croisette droite, à feuilles élancées, à trois nervures. *Cruciata.*

A Saint Maur.

4. Croisette mineure. *Cruciata.*

A Sataury.

5. Croisette aparine, à fleurs mâles
découpées en trois, sur le pedicule de
la fleur hermaphrodite, à graine lisse.
Aparine. Ann.

GAILLET.

Corolle en roue, fendue en quatre,
segmens pointus.

Calice à quatre dents.

» Fleurs en bouquets.

I v

» Feuilles liſſes.

Deux ſemences ſeches , liſſes , acollées.

(*A*)

1. Gaillet jaune. Caillelait , à tige
droite , rameaux courts , feuilles en
lacet , huit à huit , ſillonées , beaucoup
de fleurs jaunes. *Gallium*. Viv.

2. Gaillet blanc , à tige flaſque , rameaux étalés , feuilles pointues , huit à
huit , fleur blanche. *Gallium*. Ann.

* Feuilles un peu velues.

A Vigny.

* Fleur jaunâtre.

Au Jardin Royal.

3. Gaillet des marécages , à feuilles
ſix à ſix , en lacet , terminées par une
petite épine , tige fort grêle , grande
fleur blanche. *Gallium*. Viv.

A Cachan.

(*B*)

Deux ſemences ſeches , rudes , acollées.

» Feuilles rudes.

4. Grateron officinal, à feuilles huit à huit, ou dix à dix, très rudes, élancées, pointues, fleur très courte, nœuds de la tige velus. *Aparine.*

* Petite graine.

A Vaugirard.

5. Grateron parisien, à feuilles sept à sept, étroites, élancées, pointues, flasques, fleur très petite, rouge foncé. *Aparine.* Ann.

A Vaugirard.

SHERARD.

Corolle en entonnoir, limbe fendu en quatre.

Calice persistant, à quatre dents.

Fruit oblong, couronné de pointes, composé de deux semences accouplées.

1. Sherard des champs, à fleur bleue, terminale, feuilles verticillées. *Asperula.* Ann.

* Feuilles six à six, fleur purpurine.
* Fleur blanche.

A Meudon.

ASPERULE.

Corolle en entonnoir, limbe fendu en quatre segmens rabatus.

» Fleurs en tête ronde.

» Fruit de deux semences seches, acollées.

1. Asperule bleue, à feuilles six à six, fleurs bleues, assises, terminantes, en paquet. *Asperula.* Ann.

2. Asperule odorante, à tige basse, feuilles huit à huit, velues, élancées, fleurs en bouquets, odeur de Muguet. *Aparine.* Viv.

Dans les bois élevés.

A Montmorency.

3. Asperule. Rubéole, à tige droite, feuilles en lacet, quatre à quatre, celles d'en haut opposées, simples, fleurs rougeâtres. *Rubeola.* Viv.

* Fleurs blanches.

TRIGAL.

Pétale découpé en trois.

Fruit composé de deux semences seches, acollées.

» Tige foible.

» Feuilles très étroites, célles d'en-
» bas six à six, les autres quatre à
» quatre.

1. Trigal des teinturiers , à fleur
blanche. *Galium*.

A Fontainebleau près l'hermitage.

SECTION XVII.

Famille des Muflaudes.

ANTIRRIN.

Pétale en gueule close, avec une
poche en dessous.

Calice de cinq feuilletes, inégales.

Capsule en grouin de cochon, à deux
loges , qui s'ouvre par trois endroits.

» Fleurs en épis lâches.

» Feuilles alternes.

(A)

1. Antirrin. Clapet. Mufle de veau, à tige haute, feuilles élancées, à queue, calice fort long. *Antirrhinum.*

A Meudon.

* Fleur blanche.

2. Antirrin majeur, à feuilles élancées, à queue, calice fort court. *Antirrhinum.* Bisann.

A Arcueuil.

(B)

Pétale terminé par un éperon.

3. Linaire officinale, à épi terminant, assis, fleurs embriquées, tige droite, feuilles drues, élancées, longues & étroites, fleurs jaunes. *Linaria.* Viv.

* Fleur blanche.

5. Linaire rampante, à feuilles élancées, étroites, rayonnantes, fleurs blanches, en épi lâche, sans odeur. *Linaria.* Ann.

A Seve.

5. Linaire droite, à fleur blanche avec des rayes purpurines. *Linaria.*

* Fleur bleuâtre, odorante.

6. Linaire couchée, à feuilles alternes, en lacet, fleur jaune, éperon crochu. *Linaria.*

A Neuilly.

* Fleur blanche.

Au Roule.

7. Linaire-Peliffiere, à feuilles d'en bas arrondies, trois à trois, feuilles d'en haut élancées, étroites; très long éperon, fleurs bleues, ou violeteś. *Linaria.* Ann.

Au bois de Boulogne.

8. Linaire mineure, à tige couchée, fort branchue, feuilles en fer de lance émouffé. *Linaria.* Ann.

(*C*)

» Fleurs axillaires, folitaires.

» Feuilles velues, à queue.

1. Velvote nummulete, à feuilles ovales. *Elatine.* Ann.

2. Velvote à oreilletes, feuilles en

fer de pique, fleurs jaunes. *Elatine.*
Ann.

Au bois de Boulogne.
* Fleur bleue.
A Montrouge.

(*D*)

» Tige rampante, pouſſant des ra-
» cines de chaque nœud.

1. Cimbalaire, à feuilles liſſes, en
cœur, à cinq lobes. *Linaria.* Ann.

L E N T I B U L A I R E.

Pétale en gueule fermée, avec un
éperon à ſa baſe.
Calice de deux petites feuilles.
Capſule groſſe, ronde.
Deux étamines.
1. Lentibulaire vulgaire, à éperon
en cone. *Lentibularia.* Viv.

A Meudon.

2. Lentibulaire mineure, à petite
fleur, éperon en gondole. *Lentibularia.*
A St. Leger.

DIGITALE.

Pétale en gueule béante, ou en doitier. *

Calice découpé profondement en cinq fegmens inégaux.

Capfule oblongue, à deux loges, qui s'ouvre en long.

» Fleurs difpofées alternativement, » toutes pendantes en bas.

» Feuilles alternes, entieres.

(A)

1. Digitale gantelée, à fegmens du calice ovales, pointus, fleur rouge, feuilles rudes. *Digitalis*. Bifann.

A Meudon.

* Fleur blanche.

A Montmorency.

2. Digitale jaune, à fegmens du calice en alenes, petites fleurs jaune-pâles, entaffées, babine fuperieure fendue en deux. *Digitalis*. Viv.

A Fontainebleau.

(B)

Deux étamines vraies , & trois fauſſes.

Stigmate à deux levres.

» Feuilles axillaires , oppoſées, élancées , dentées en ſcie. *Gratiola.* Viv.

Dans les prés humides.

A Gentilly.

S C R O F U L A I R E.

Pétale en grelot , terminé en gueule
béante.

Calice fendu en cinq.

Capſule à deux loges , qui s'ouvre
de la pointe à la baſe.

» Odeur puante.

» Fleurs en bouquets , pédicules
» fourchus , avec une fleur dans l'en-
» fourchure même.

1. Scrofulaire noueuſe , à feuilles en
cœur , à trois nervures , fleurs comme
en grape terminante , tige anguleuſe.
Scrophularia. Viv.

* Feuilles en trefle.

A Saint-Maur.

2. Scrofulaire aquatique. Herbe du fiege, à grape terminante, feuilles en cœur, avec des appendices courantes. *Scrophularia*. Bifann.

PEDICULAIRE.

Pétale labié, babine fupérieure en cafque aplati par les côtés, babine inférieure fendue en trois.

Calice renflé, découpé en cinq pointes.

Capfule à deux loges, qui s'ouvre par le haut.

1. Pediculaire. Fiftulaire, à tige branchue, fleurs éparfes, rouges. *Pedicularis*. Ann.

* Fleurs incarnates.
* Fleurs blanches.

Dans les prés humides.

2. Grande Pediculaire des marais, à

tige droite, branchue, calice chargé de points calleux, fleur rouge. *Pedicularis*. Ann.

* Fleur blanche.

O R O B A N C H E.

Pétale en gueule ouverte, babine supérieure creusée, babine inférieure repliée, découpée en trois parties presque égales.

Calice coloré, à demi fendu en cinq.

Capsule ovale, pointue, à une seule loge, deux panneaux.

» Parasite de racines.

1. Orobanche majeure, à tige haute, cotoneuse, très simple, odeur de Gerofle. *Orobanche*.

A Boulogne.

* Odeur très puante.

2. Orobanche de Vincenne, à tige simple, bleuâtre, bractéoles sous les fleurs. *Orobanche*.

A Vincenne.

* Grande fleur jaunâtre.

3. Orobanche rameuse, à babine supérieure, fendue en deux, fleur rouge. *Orobanche.*

* Fleur bleue.
* Fleur blanchâtre.

MELAMPIRE.

Pétale labié, babine supérieure voutée, & rabatue sur l'inférieure.

Calice en cornet, à quatre pointes.

Capsule oblongue, aplatie, pointue, à deux loges, cloison opposée aux panneaux.

Cette capsule s'ouvre par sa future supérieure.

„ Fleurs par paires qui se croisent, formant ainsi un épi quarré.

„ Feuilles opposées.

1. Melampire des vaches. Blé de vache, à épis coniques, lâches, bractéoles déchiquetées, fleurs purpurines. *Melampyrum.* Ann.

2. Melampire des prés, à feuilles élancées, épis tournés tout d'un côté, lâches, gueule du pétale fermée, fleur jaune. *Melampyrum.* Ann.

A Verriere.

* Fleur blanche avec deux taches jaunes à la babine inférieure.

2. Melampire à crête, épis quarrés, bractéoles fort serrées, en cœur, dentées, hérissées de cils, fleur blanche & rouge. *Melampyrum.* Ann.

EUFRAISE.

Pétale en gueule, babine supérieure relevée.

Anteres demi épineuses.
Calice découpé en quatre parties inégales.

Capsule ovale, à deux loges.
» Fleurs aux aisselles des feuilles.
» Feuilles dentelées.
1. Eufraise officinale, à feuilles ova-

les, dentées finement, petite tige. *Euphrasia*. Ann.

A Meudon.

* Grande tige.

* Fleur blanche.

A Montmorency.

2. Eufraise tardive, à feuilles longues & étroites, dentées en scie, fleur purpurine. *Pedicularis*.

* Fleur blanche.

CLANDESTINE.

Pétale en gueule à goitre, babine supérieure en casque, babine inférieure rabatue.

Calice en cloche, découpé en quatre assez avant.

Capsule élastique, simple, recouverte du calice agrandi, à deux valves.

» Parasite de racines.

1. Clandestine-Madrone, à feuilles écailleuses, en cœur, fleurs bleuâtres, par paquets, tige branchue, enterrée. *Clandestina*. Viv.

* Fleurs folitaires.

2. Clandeftine écailleufe, à tige très
fimple, fleurs pendantes, babine inférieure fendue en trois. *Amblatum*. Viv.
A Meudon, bois des Capucins.

C O C R I S T E,

Pétale labié, babine fupérieure en
cafque aplati par les côtés, babine inférieure fendue en trois.

Calice enflé, aplati, découpé en deux
parties recoupées en crête de coq.

Capfule à deux loges, aplatie, ob-
tufe, qui s'ouvre par fes bords.

Cloifon oppofée aux panneaux.

Semences avec une appendice membraneufe.

1. Cocrifte, à fleur jaune, babine fupérieure courte. *Pedicularis*.

* Calice velu.

G R A S S E T E.

GRASSETÉ.

Pétale labié, avec un éperon en arriere.

Calice labié.

Stigmate du piftil labié.

Capfule ovale, fimple.

Deux étamines.

Pinguicula. Viv.

A Bievre.

SECTION XVIII.

Famille des Labiées.

ORVALE.

Pétale en tuyau, terminé en gueule
béante. Babine fupérieure taillée en
faucille. Babine inférieure fendue en
trois parties, dont la moyenne eft creu-
fée en mentonniere de cafque.

Calice en tuyau rayé & terminé en
gueule béante à cinq dents, trois &
deux.

Tome II. K

Deux étamines à filets en Y, avec une antere ici, & une glande là.

» Fleurs opposées par paires le long » des tiges & des branches.

(*A*)

1. Orvale toutebonne, à feuilles en cœur, oblongues, chagrinées, velues, dentées en scie, bractéoles élancées, concaves. *Sclarea*. Bisann.

A Montmorency.

2. Orvale des prés, à feuilles oblongues, découpées, blanchâtres, celles d'en haut embrassant la tige; babine supérieure gluante. *Sclarea*. Viv.

* Feuilles dentées en scie.

* Fleurs bleues, rouges, ou blanches. A Issy.

(*B*)

Babine supérieure en faucille épointée.

Calice rayé, & découpé en cinq dents.

» Fleurs disposées par anneaux sur la » tige. Les calices se ravalant à ma-

» turité, forment enſemble comme un
» canon de bas, ou une genouillere de
» botine.

3. Ormin ſauvage, à fleurs étroites,
feuilles liſſes, ſinuées, dentées en
ſcie. *Horminum*. Viv.

A Auteuil.

BRUNELLE.

Pétale en tuyau court, terminé en
gueule béante; babine ſupérieure vou-
ée, & rabatue comme un capuchon.

Calice court, un peu aplati, rayé,
terminé en gueule; trois dents à la babine ſupérieure, deux à l'inférieure.

Quatre étamines à filamens fourchus.

» Fleurs en verticilles, formant des
» épis à l'extrémité des tiges & des
» branches.

1. Brunelle officinale, à feuilles ovales, oblongues. *Brunella*. Pl. 5. f. 2. Viv.

A Bondy.

* Fleurs rouges, bleues, blanches.
* Feuilles découpées.

A Versailles.

T O Q U E.

Pétale en tuyau, babine supérieure
voutée, babine inférieure découpée en
trois parties, dont les deux latérales re-
préfentent les joues d'un cafque, &
la moyenne inférieure fait la mento-
niere.

Calice en tuyau court, furmonté
d'une efpece de couvercle en panier de
pigeon renverfé, qui fe rabat pour ren-
fermer les graines, lorfque la fleur eft
paffée.

1. Toque-tertianaire, à feuilles élancées, crenelées, fleurs axillaires, bleues.
Caffida. Viv.

2. Toque mineure, à feuilles ova-

les, fleurs axillaires, rougeâtres. *Cassi-da*. Viv.

A Meudon.

AGRIPAUME.

Pétale eu tuyau étroit, plus évasé à son bord, & labié ; babine supérieure longue, creusée, velue, babine infé-rieure repliée & fendue en trois parties peu inégales.

Calice découpé profondement en cinq segmens pointus.

» Fleurs verticillées le long des tiges » & des branches.

» Feuilles découpées en main ouver-» te.

1. Agripaume-cardiaque, à feuilles de la tige élancées, à trois lobes. *Car-diaca*. Viv.

2. Agripaume - marrubiere , à cali-ce piquant, feuilles ovales, élancées, dentées en scie. *Marrubiastrum*.

A Etampes.

L A M I O N.

Pétale à tuyau très court, gosier ren
flé, à deux dents repliées, pavillon
évasé & labié; babine supérieure vou
tée, babine inférieure rabatue, décou
pée en trois parties fort inégales, celle
du milieu échancrée en cœur.

Calice en cornet, à cinq anteres
velues, barbillons un peu inégaux.

Le calice ne se referme point sur les
semences.

» Fleur accompagnée de quelques
» écailles soyeuses.

» Feuilles à queue.

1. Lamion. Ortie blanche. Arcange-
lique, à fleurs en verticilles par ving-
taines, feuilles en cœur, pointues, dentées en scie, à queue. *Lamium.* Viv.

2. Lamion puant, à feuilles en cœur,
mousses, à queue. *Lamium.* Ann.

* Fleur rouge, feuilles fort découpées.

* Fleur blanche.

3.Petit Lamion embraffant,à feuilles oppofées , fans queue. *Lamium*. Ann.

S T A Q U I S.

Pétale en tuyau très court , pavillon labié , babine fupérieure droite , voutée,babine inférieure découpée en trois, la partie du milieu fort grande , & répliée.

Calice en cornet , à cinq dents inégales.

» Fleurs verticillées , & entremêlées
» de petites feuilles en forme de lan-
» guetes.

1. Staquis Germanique , à tige pluchée , ayant une quarantaine de fleurs en verticilles , feuilles furdentées en fcie. *Stachis*.

A Longchamp.

2. Staquis des montagnes , à tige velue , fleurs par douzaines en verticilles,

K iv

feuilles à dentelurés cartilagineuses. *Stachis.* Viv.

A Montmorency.

3. Staquis puant, à fleurs six à six en verticilles, feuilles en cœur, pointues, à queue. *Galeopsis.* Ann.

A Meudon.

4. Staquis des marais, à fleurs six à six en verticilles, feuilles longues, élancées, embrassant à demi la tige. *Galeopsis.*

A Meudon.

5. Staquis annuel, à feuilles lisses, élancées, à trois nervures, & à queue, fleurs six à six en verticilles, calice armé de piquants. *Sideritis.*

A Bercy.

6. Staquis des champs, à tige foible, feuilles oblongues, fleurs courtes six à six en verticilles. *Marrubiastrum.*

A Charenton.

GALEOPE.

Pétale à tuyau court, pavillon labié, avec une petite dent à chaque commiſſure des levres, babine ſupérieure voutée, babine inférieure fendue en trois, & crenelée.

Calice terminé par cinq barbes roides, pointues.

1. Galeope-tetrahit, à anneaux de fleurs de plus en plus ſerrés, les entrenœuds de la tige groſſis par le haut. *Galeopſis.* Ann.

À Meudon.

* Fleur jaunâtre.

2. Galeope-ladane, à fleurs par anneaux écartés, nœuds de la tige unis. *Galeopſis.* Ann.

3. Galeope. Ortimorte, à fleurs en verticilles ſix à ſix, collerete de quatre feuilletes. *Galeopſis.*

A Meudon.

K v

B A L L O T E.

Pétale labié, babine supérieure relevée, voutée, crenelée, babine inférieure fendue en trois segmens, dont
celui du milieu est le plus large, &
échancré, & replié.

Calice en cornet à cinq pans, dix
raies & cinq dents inégales.

Collerete incomplete de feuilles très
étroites.

» Fleurs en paquets, qui affectent
» plus un côté que l'autre.

1. Ballote. Marrube noir, à feuilles
entieres, en cœur, dentées en scie.
Ballote. Viv.

M A R R U B E.

Pétale labié, long tuyau, babine supérieure fort relevée, partagée en deux
longues dents, babine inférieure rabatue, découpée en trois segmens inégaux.

Calice en entonnoir, rayé, & à dix dents alternativement grandes & petites, crochues.

„ Fleurs verticillées, le long des tiges
„ & des branches.

Marrubium. Viv.

A Villejuif.

CHATAIRE.

Pétale en tuyau courbé, puis évasé, & labié ; babine supérieure, relevée, étroite, s'élargissant peu à peu, & échancrée ; babine inférieure, découpée en trois parties, dont les deux latérales sont fort petites, la moyenne est creusée en cuilleron, & dentelée ; les deux babines fort écartées.

Calice en tuyau renflé, à cinq dents inégales.

„ Fleurs par bouquets, affectant un
„ seul côté, & accompagnées de peti-
„ tes écailles.

1. Chataire. Cataire, à feuilles en

cœur, blanchâtres, duvetées, dentées
en fcie. *Cataria.* Viv.

A Saint-Denis.

L I E R R E T.

Pétale labié ; babine fupérieure relevée, échancrée ; babine inférieure découpée en trois fegmens.

Calice fort petit, cannelé, terminé par cinq dents pointues.

Anteres croifées par paires.

» Feuilles échancrées en rein, à l'in-
» fertion de leur queue, & crenelées.

» Pour toute tige, des fléaux ram-
» pans.

1. Lierret. Lierre terreftre. Terrete.
Rondote. *Calamintha.* Viv. Pl. vi.
F. 4, 5, 6.

* Joli.
* Velu.

LAVANDE.

Pétale labié, tube long ; babine supérieure relevée, fendue en deux ; babine inférieure découpée en trois.

Calice court, à cinq petites dents, & soutenu d'une bractéole.

» Fleurs en épi terminant.

Lavandula.

Dans de vieux jardins abandonnés.

BETOINE.

Pétale terminé en gueule béante, tube un peu courbé ; babine supérieure retroussée, & un peu renversée en arriere ; babine inférieure partagée en trois segmens, celui du milieu échancré.

Calice en tuyau, à cinq dents, à cils.

» Fleurs verticillées, formant des
» épis à l'extrémité des tiges.

» Feuilles dentées & échancrées en

» cœur à l'insertion de leur queue.

1. Betoine officinale , à épis entre-coupés. *Betonica*. Viv.

A Verrieres.

* Fleurs , rouges , blanches. . . .

C R A P A U D I N E.

Pétale labié , babine supérieure re-levée , étroite , fendue en deux.

Calice à cinq pointes.

Deux stigmates fourrés l'un dans l'autre.

» Fleurs verticillées , accompagnées » à leur base d'une paire de petites » feuilles découpées en crête de coq.

1. Crapaudine velue , à épis peu ser-rés , feuilles élancées , obtuses , den-tées. *Sideritis*.

O R I G A N.

Pétale labié , babine supérieure rele-vée , aplatie , échancrée , babine infé-rieure partagée en trois.

Calice en cornet, découpé à son bord en cinq pointes égales.

„ Fleurs difposées par paires, qui fe „ croifent, & forment des épis dont „ la pointe regarde le zenith.

„ Houpe de bractéoles colorées, qui „ forment enfemble comme un épi.

Origanum.

A Verriere.

M E L I S S E R E.

Tuyau du pétale fort étroit; partie moyenne de la babine inférieure crenelée.

Calice découpé en cinq parties prefque égales, comme labié.

Anteres croifées par paires.

„ Tige fimple, & fans branches.

Meliffophyllum.

A Meudon.

CALAMENT.

Pétale labié ; babine supérieure voutée ; babine inférieure découpée en trois
segmens , dont celui du milieu est plus
large.

Calice labié.

» Fleurs axillaires , par toupets le
» long des tiges & des branches.

» Feuilles à queue.

1. Calament officinal , à tige droite ,
fleurs à pédicules médiocres. *Calamin-
th 1. Viv.*

A Boissy.

* Petite fleur.

2. Calament-Nepet , à tige couchée,
fleurs à pédicules longs. *Calamintha.*

A La Ferté-sous-Jouarre.

CLINOPODE.

Pétale labié ; babine supérieure retroussée , arrondie , fendue en deux ;
babine inférieure partagée en trois.

Calice labié.

»Fleurs verticillées, & accompagnées
» de longues foies fous chaque ver-
» ticille.

» Stigmate fimple.

(*A*)

1. Clinopode, à fleurs en tête arrondie, velue. *Clinopodium.*

(*B*)

» Fleurs accompagnées de petites
» écailles, & verticillées fix à fix.

» Tige ferme, peu ramifiée.

» Feuilles pointues, dentées en
» fcie.

2. Roulete. *Clinopodium.* Ann.
A Bercy.

M E L I S S E.

Pétale labié; babine fupérieure entiere, voutée; babine inférieure divifée en trois parties prefque égales.

Calice en tuyau fec & rude, rayé,
terminé en gueule béante; babine fu-

périeure à trois dents, inférieure à deux dents.

» Fleurs verticillées, axillaires, le » long des tiges & des branches, & » affectant un seul côté.

Melissa. Viv.

A Saint Cloud.

SERPOLET.

Pétale labié; babine supérieure simple, échancrée; babine inférieure découpée en trois parties presque égales.

Calice en cornet cannelé, velu en dedans, & découpé par le bord en cinq parties, qui représentent deux levres, l'une à trois dents, l'autre à deux soies.

» Fleurs disposées par anneaux, ar-» rondies, & accompagnées de petites » écailles.

» Tige couchée, médiocrement » dure.

1. Serpolet commun. *Serpillum.* Arb.

A Boulogne.

* velu.

A Fontainebleau.

* Citronné.

A Montmorency.

BUGLE.

Pétale demi labié ; babine supérieure réduite à deux petites dents ; babine inférieure partagée en trois parties , dont la moyenne est refendue en cœur.

Calice court , à demi découpé en cinq.

» Fleurs disposées par anneaux d'éta-
» ge en étage.

1. Bugle-piramidale , à tige simple, en piramide quarrée. *Bugula*. Bisann.

A Vincenne.

2. Bugle-rampante, à fléaux traçans, qui s'enracinent çà & là. *Bugula*. Viv.

A Seve.

I V E T T E.

Pétale demi-labié ; babine supérieure réduite aux deux pointes de l'échancrure du collet ; babine inférieure divisée en trois parties , celle du milieu refendue en deux.

Calice en cornet renflé par le bas ,
& découpé par le bord en cinq parties
égales.

» Fleurs solitaires , axillaires , assises.
» Feuilles opposées.

(A)

1. Ivete , à tige étalée , feuilles decoupées en trois segmens étroits. *Cha-
mœpytis*. Ann.

(B)

» Fleurs ramassées en têtes , ou en
» épis très courts , terminants.
» Feuilles assises , élancées , duvetées
en dessous.
» Tige couchée.
2. Poliom. *Polium*. Viv.
A Chantilly.

(C)

Calice en tuyau.

» Fleurs par toupets , axillaires.

3. Germandrée-Chêneau, à tige rampante , fleurs trois à trois, en pied , feuilles en forme de coin , crenelées , à queue. *Chamædrys*. Viv.

4. Germandrée - Botryde , à fleurs trois à trois, feuilles fort découpées. *Chamædrys*.

5. Germandrée-Saugette , à tige ferme , fleurs en épis lâches , tous d'un seul côté , feuilles en cœur , crenelées, à queue. *Chamædrys*. Viv.

(D)

Calice labié.

» Fleurs difpofées à double rang au » haut des tiges & des rameaux.

» Duvet blanchâtre.

6. Scordiom. Chamarras , à odeur d'ail. *Chamædrys*. Viv.

A Meudon.

MENTHE.

Pétale découpé en quatre parties un peu inégales, repréſentant mal deux babines.

Calice droit, à cinq dents aſſez égales.

„ Fleurs en épis, accompagnées de „ petites écailles.

(*A*)

1. Menthe de cimetiere, à épis oblongs, feuilles preſque rondes, crenelées, ridées, aſſiſes, odeur forte. *Mentha.* Viv.

A Palaiſeau.

2. Menthe ſauvage, à épis oblongs, longues étamines, feuilles oblongues, dentées en ſcie, duvetées, aſſiſes. *Mentha.* Viv.

A Bondy.

* Feuilles plus allongées, & moins velues.

A Montmorency.

3. Menthe verte, à épis oblongs, en-

trecoupés , longues étamines , feuilles élancées , dentées en scie, assises. *Mentha*. Viv.

A Lisy.

(*B*)

„ Fleurs verticillées , axillaires.

4. Grand Pouliot des marais , à épis en petite tête , étamines assez longues, feuilles ovales , dentées en scie, à queue. *Mentha*. Viv.

5. Pouliot Thin, couché, à feuilles ovales , dentées en dents de scie fine. *Mentha*. Viv.

A Meudon.

6. Pouliot rampant , à longues étamines , feuilles ovales , un peu crenelées. *Mentha*. Viv.

SECTION XIX.

Fleurs pluripétales à reconfronter.

ORDRE PREMIER.

Arbres & Arbrisseaux.

ERABLE.

Fleurs completes, pluripétales, en épi.

Fruit : deux capsules aplaties, terminées en ailes, contenant chacune une semence.

N. B. Ces fleurs font de diverfes fortes, fuivant les diverfes efpeces d'Erable.

1. Erable commun, à fleurs hermafrodites, feuilles à plufieurs lobes, obtufes, échancrées, écorce gerfée. *Acer.*
A Vincenne.
* Individu à fleurs toutes mâles.
A Verfailles.

2. Erable-Sycomore,

2. Erable – Sycomore, à pétales peu apparens, grapes pendantes, feuilles à cinq lobes; fleurs hermafrodites & mâles sur le même individu. *Acer.*

A Meudon.

* Individu à fleurs toutes mâles.
* Fruit rougeâtre.

A Montmorency.

3. Erable - plane, à belles fleurs en corimbes, jaunes, feuilles d'un verd brun, lisses, à cinq lobes pointus & dentés. *Acer.*

FUSAIN.

Fleurs completes, pluripétales.
Fleur principale, à cinq pétales.
Fruit en bonnet à cinq loges & cinq arnes, coloré, contenant des pepins harnus.

Fleurs subalternes : à quatre petales, quatre.....

1. Fusain commun, à grains rougeâ-tes. *Evonymus.*

Tome II.   L

T I L L E U L

Fleurs completes , pluripétales , renfermant l'embrion.

Fruit : capſule à cinq loges , qui ſe réduiſent ordinairement à une ſeule.

N. B. Pédicule à aileron en languete.

1. Tilleul commun, à fleurs en grapes axillaires , feuilles échancrées en cœur. *Tilia.*

* Petites feuilles.

M A R O N D I E R.

Fleurs completes , pluripétales , en grape.

Fruit : capſule épaiſſe , hériſſonnée , à trois loges , contenant chacune deux marons , ou glands ronds , dont un ſeul proſpere , & cinq avortent ordinairement.

1. Marondier. Maronier d'Inde , à feuilles en main ouverte. *Hippocaſtanum.*

BUIS.

Fleurs completes, pluripétales, de deux sortes sur le même individu.

Fruit : capsule en marmite, à trois loges, contenant chacune deux semences.

» Feuillage persistant.
Buxus.
A Neaufle.

FRESNE.

Fleur complete, pluripétale.
Fruit : capsule en languete, contenant une seule graine.

1. Fresne fleuri, à feuilles ailées. *Fraxinus.*
A Meudon.

CORNOUILLER.

Fleurs completes, pluripétales, en cimier, avec une collerete.
La fleur porte sur l'embrion.

Fruit charnu, à ombilic, contenant un noyau à deux loges, renfermant chacune une petite amande.

1. Cornouiller mâle, à cimier court. *Cornus.*

A Saint-Germain.

2. Cornouiller-Sanguen, à cimier haut monté. *Cornus.*

A Meudon.

LIERRE

Fleurs completes, pluripétales, en corimbe.

Fruit : baie seche, contenant cinq pepins.

1. Lierre grimpant, à feuilles durables, lisses. *Hedera.*

VIGNE.

Fleurs completes, pluripétales.

N. B. Les étamines rejettent les petits pétales.

Fruit : baie succulente, contenant ordinairementcinq pepins.

1. Vigne de Noë, à feuilles découpées en palmete peu profondement, & ayant ordinairement une grape, ou au moins une vrille, en opposition. *Vitis.*

* Sauvage.

* Cultivée.

BERBERIS.

Fleurs completes, pluripétales, en grape, renfermant l'embrion.

Fruit : baie oblongue, à ombilic, contenant deux pepins durs.

1. Berberis des buissons, à épines en trident. *Berberis.*

A Meudon.

ORDRE SECOND.

Simples Herbes.

NENUFAR.

Une quinzaine de pétales, sur plusieurs rangs.

Calice de plusieurs pieces colorées. Plus de soixante étamines.

Capsule charnue, arrondie, à plusieurs loges.

» Feuilles nageantes.

1. Nenufar jaune, à grand calice de cinq feuilles. *Nymphæa.*

2. Nénufar blanc, à calice de quatre feuilles. *Nymphæa.* Viv.

A Jouy.

SALICAIRE.

Fleur en rose, à six pétales posés sur les découpures du calice.

Calice en tuyau, cannelé, à douze

dents, grandes & petites alternativement.

Embrion dans la fleur.

Capſule ovale, à deux loges.

» Feuilles entieres.

1. Salicaire commune, à feuilles oblongues, fleurs rouges en forme d'épi,
douze étamines. *Salicaria*. Viv.

A Marcouſſy.

* Feuilles trois à trois.

2. Salicaire hiſopine, à feuilles alternes, ſix étamines. *Salicaria*. Ann.

A Bondy.

* Feuilles alternes, étroites.

N. B. La Salicaire a des rapports
aſſez marqués avec la famille des Ro-
ſacées. Elle en differe par ſa capſule,
&c.

PEPLI.

Corolle de ſix petits pétales inférés
au calice.

Calice en godet, à douze dents, ou
au moins dix.

L iv

Six étamines.

Embrion dans la fleur.

Capsule très mince, à deux loges, à médiastin perpendiculaire aux panneaux.

La corolle manque tout à-fait, ou tombe bientôt.

1. Pepli, à feuilles épaisses, arrondies, fleur purpurine, en godet fermé. *Glaux*. Pl. 15. f. 5. Ann.

A Meudon.

R E S E D A.

Six pétales inégaux, frangés.
Nectaire.
Calice d'une seule piece, tailladé irrégulierement.
Onze étamines.
Capsule oblongue, toujours ouverte par le haut.
Semences attachées aux coins de la capsule.

» Fleurs en forme d'épi terminant.

1. Reseda mineur, à feuilles entieres, ou peu découpées, calice très
grand. *Reseda*. Ann.

2. Reseda vulgaire. Herbe-maure,
à feuilles fendues en trois, celles d'en-
bas ailées. *Reseda*. Ann.

* Feuilles frisées.

STATICE.

Fleurs ramassées en un boulon.

Calice commun.

Cinq pétales formant ensemble une
espece d'entonnoir.

Calicet propre, d'une seule piece, en
entonnoir, permanent, plissé.

Cinq stiles au pistil.

Capsule formée par le calice.

Une seule semence.

1. Statice, à hampe simple, nue,
feuilles en lacet. *Statice*.

Au Calvaire.

S U C E P I N.

Fleur principale.

Cinq pétales.

Calice de cinq feuilles peu durables,
coloré.

Capsule ovale, à cinq batans.

Fleurs subalternes, à quatre pétales,
quatre . . . .

1. Sucepin parasite, à fleur oblongue, jaunâtre. *Orobanchoïdes.*

A Meudon.

B E C D E G R U.

Cinq pétales.

Calice de cinq feuilles, ou segmens
très profonds.

Fruit formé de cinq coques disposées
en rond autour d'un poinçon en forme
de bec de grue, d'où elles se détachent
à maturité de la base à la pointe, & se
roulent en tireboure, formant ainsi
comme cinq branches de lustre.

» Feuilles anguleuses.

(*A*)

Pétales entiers, dix étamines grandes & petites alternativement.

1. Becdegru sanguin, à grandes
fleurs rouges, solitaires, tige droite,
feuilles découpées en ailes, rougeâtres.
Geranium. Viv.

2. Becdegru mauvin. Pied de pigeon,
à fleurs deux à deux sur chaque pédicule, tige rampante, feuilles arrondies,
fort découpées *Geranium*. Pl. 15. f. 1.

A Seve.

* Grandes fleurs bleues.

* Petites fleurs purpurines, ou
bleues.

3. Becdegru colombin, à fleurs rouges, deux à deux sur de longs pédicules,
calices barbus, capsules lisses, feuilles
anguleuses, découpées en cinq segmens
recoupés. *Geranium*. Pl. 15. f. 4. Ann.

* Fleurs incarnates.

4. Becdegru. Herbe à Robert, à fleurs
rouges deux à deux, calice velu, feuil-

les ailées fur trois à cinq rangs , odeur
bitumineufe. *Geranium.* Bifann.

* Fleur blanche.

(B)

Cinq étamines feulement.

5. Becdegru cigutin , à fleurs pour-
pre-clair , en bouquet , tige rampante,
feuilles ailées. *Geranium.* Ann.

* Fleur blanche.

(C)

Calice piramidal , à cinq angles en
relief.

6. Becdegru luifant , à fleurs deux à
deux , feuilles découpées en cinq lobes.
Geranium Ann.

A Epernon.

(D)

Pétales fendus en deux , ou profondement échancrés en cœur.

7. Becdegru diffequé , à fleurs deux
à deux , pétales courts , tige droite ,
feuilles longues , profondement découpées en cinq, queues courtes , ftipules
colorées. *Geranium.* Pl. 15. f. 2. Ann.

8. Becdegru douillet, à fleurs deux à deux, pétales purpurins, capsule velue, feuilles arrondies, découpées en cinq segmens recoupés. *Geranium.* Pl. 15. f. 3. Ann.

* Fleurs blanches, veinées.

A la Meute.

COURROYETE.

Cinq pétales courts & évasés.

Calice de cinq feuilles, persistant.

Semence triangulaire, nichée dans le calice.

1. Courroyete rivagere, à tige rampante, terminée par un bouquet de fleurs. *Polygonifolia.* Ann.

A Neuilly.

ELIANTEME.

Cinq pétales.

Calice persistant, de six feuilles inégales.

Une centaine d'étamines.

Capfule fimple, à trois panneaux.

1. Elianteme vulgaire, à tige couchée, dure, feuilles oblongues, roulées, nues, quatre ftipules élancées, fleur jaune. *Helianthemum*. Arbr.

* Fleur pâle.

* Fleur blanche.

* Tige blanchâtre, fleur jaune.

A Fontainebleau.

2. Elianteme velu, à ftipules en alenes, feuilles velues, élancées, calice liffe. *Helianthemum*.

3. Elianteme - Fumane, à tige rampante, dure, feuilles alternes, étroites, liffes, fans ftipules, fleurs jaunes, folitaires. *Helianthemum*. Arbr.

A Fontainebleau.

4. Elianteme tacheté, à feuilles oppofées, pointues, à trois nervures, fans ftipules, fleurs en grapes, pâles, tachetées de rouge. *Helianthemum*.

Au Bois de Boulogne.

5. Elianteme à bouquet, tige dure, couchée, feuilles oppofées, étroites,

sans stipules, fleurs en bouquets. *He-lianthemum*. Arbr.

A Fontainebleau.

ALLUYA.

Cinq pétales qui se tiennent par le bas.

Calice très court, découpé en cinq, persistant.

Capsule à cinq loges, & qui s'ouvrant en long par ses angles, lance au loin ses graines qui sont recouvertes d'une coëffe élastique.

1. Alluya aigrelet, à feuilles en trefle, une seule fleur sur chaque hampe, fleur blanche. *Oxys*. Viv.

A Meudon.

PIROLE.

Cinq pétales évasés.

Calice persistant, très petit, découpé en cinq.

Dix étamines à anteres fourchues.

Piftil à gros ftigmate.

Capfule cannelée , à cinq loges &
cinq pans arrondis , & s'ouvrant par
leurs flancs.

1. Pirole, à hampe branchue , feuilles fimples , arrondies. *Pyrola*. Viv.

A Auxois.

R U E.

Fleur principale.

Cinq pétales creufés en cueilleron
& frangés.

Calice découpé profondement en
cinq.

Capfule à cinq loges , arrondies.

» Fleurs fubalternes , à quatre pétales , quatre....

1. Rue à odeur forte, feuilles découpées en plufieurs lobes & lobules. *Ru-*
ta. Ann.

A Gouvieux.

PARNASSIE.

Corolle évasée : cinq pétales.

Cinq nectaires, ou écailles en for-me de cœur & concaves, surmontées chacune de treize filets, terminés par de petites bouletes.

Calice découpé en cinq segmens.

Pistil à quatre stigmates, sans stile.

Le fruit, qui se forme au-dedans de la fleur, est une capsule à quatre loges.

1. Parnassie des marais, à tige nue, feuilles simples, & une seule fleur. *Parnassia.* Viv.

A Versailles.

SAXIFRAGE.

Cinq pétales.

Calice découpé en cinq, persistant.

Dix étamines.

Embrion dans le calice.

Capsule ovale, terminée par deux cornes, qui se courbent l'une vers l'au-

tre. Elle s'ouvre dans l'intervalle , c'est-
à-dire , par le côté intérieur.

1. Saxifrage blanche, à feuilles arrondies, en forme de rein , fleur blanche ,
tige branchue, racine granuleuse. *Saxifraga.* Viv.

A Charonne.

2. Saxifrage-tridactile, à tige droite,
feuilles alternes, en forme de coin, à
trois lobes. *Saxifraga.* Ann.

ROSSOLI..

Cinq pétales.
Calice fendu en cinq, persistant.
Corolle en entonnoir.
Cinq étamines, & cinq pistils.
Embrion dans la fleur.
Capsule simple, à cinq panneaux,
qui s'ouvre par la pointe.

» Feuilles hérissées de gros poils, ter-
» minés par un bouton purpurin , d'où
» coule un peu de suc résineux.

1. Rossoli, à hampe simple, fleurs en

épi, feuilles rondes. *Ros solis.* Ann.

A Meudon.

2. Rossoli, à feuilles oblongues. *Ros solis.*

A Saint-Leger.

MILPERTUIS.

Cinq pétales.

Calice découpé profondement en cinq segmens, persistant.

Cinq faisceaux d'étamines.

Capsule à trois pointes.

» Feuilles criblées de points transparens.

(*A*)

1. Milpertuis officinal, à tige annuelle, feuilles ovales, obtuses, criblées de points transparens, segmens du calice étroits. *Hypericum.* Viv.

2. Milpertuis quarré, à tige quarrée, herbacée. *Hypericum.* Viv.

* Petite fleur.

A Meudon.

3. Milpertuis couché, à tige grêle, s
lisse, feuilles ovales, fleurs axillaires, 2s
solitaires. *Hypericum*. Viv.

A Meudon.

4. Milpertuis des montagnes, à tige s
ronde, lisse, élégante, feuilles ovales, 2
moins criblées, calice denté en scie i
avec de petites glandes à chaque dent. 3
Hypericum. Viv.

A Livry.

* Tige basse, feuilles embrassantes.
A Meudon.

5. Milpertuis velu, à tige ronde, (
droite, segmens du calice dentés en n
scie. *Hypericum*.

A Verriere.

(B)

Une écaille sur chaque pétale.
Trois faisceaux d'étamines.

6. Elodé, à tige couchée, cotoneuse,
feuilles ovales, obtuses. *Hypericum*.

A S. Leger.

(C)

Fruit en baie.

7. Androseme. Toutesaine , à tige dure , branchue , feuilles ovales. *Androsæmum*. Arb.

A Fontainebleau.

VIOLETE.

Cinq pétales , dont un est terminé par une tetine.

Calice découpé en cinq segmens , embrassant la corolle, & cinq appendices qui se rabatent sur le pédicule.

Capsule ovale , à trois panneaux qui s'ouvrent du haut en bas.

(A)

A tige.

1. Violete des montagnes , à tige dure , droite , branchue , feuilles ovales , élancées , stipules dentées , fleur violete. *Viola*. Viv.

2. Violete de chien , à tige ferme , feuilles en cœur, fleur bleue, sans odeur. *Viola*. Viv.

* Fleur pâle.

* Fleur mêlée de blanc & de violet.

3. Violete. Penſée, à tige éparſe triangulaire, feuilles oblongues, crenelées, ſtipules dentées, fleur mêlée de blanc & de jaune. *Viola.* Viv.

* Fleur de trois couleurs, violete.

A Rochefort.

(B)

Sans tige.

4. Violete odorante, à fléaux rampans, fleurs partant immédiatement de la ſouche, fleur violete. *Viola.* Viv.

* Fleur blanche.

5. Violete velue, ſans tige ni fléaux, feuilles en cœur, fleur ſans odeur. *Viola.* Viv.

A Boulogne.

6. Violete des marais, ſans tige, à feuilles liſſes, en forme de rein, fleur blanche. *Viola.* Viv.

A Saint-Leger.

BALSAMINE.

Cinq Pétales inégaux , dont l'un eft terminé en capuchon.

Calice de deux feuilles colorées , peu durables.

Capfule de cinq panneaux en douves de barrique , qui s'ouvrent elaftique- ment , les panneaux fe roulant en fpi- rale.

Placenta en pivot.

1. Balfamine-noli , à nœuds des ti- ges renflés , feuilles ovales , fleurs jau- nes en bouquets. *Balfamina.* Viv.

A Saint-Germain.

NERIET.

Corolle évafée , pofée fur le calice.
Quatre pétales échancrés.
Calice de quatre feuilles colorées , peu durable.

Embrion fous la fleur.

Capfule très longue, cannelée, à quatre loges.

Placenta long, flexible, quarré, coloré.

Semences à cordon, couronnées d'une aigrette.

» Feuilles oppofées.

» Fleurs fur le pédicule des feuilles.

1. Neriet velu, à feuilles élancées, dentées en fcie, grande fleur rouge. *Chamænerion.* Viv.

A Meudon.

* Petite fleur.

2. Neriet des montagnes, à feuilles liffes, ovales, dentées, tige haute. *Chamænerion.*

* Feuilles trois à trois.

3. Neriet quarré, à tige baffe, feuilles élancées, liffes. *Chamænerion.* Viv.

4. Neriet des marais, à feuilles élancées, liffes, tige droite, pétales échancrés. *Chamænerion.* Viv.

A Verrieres.

SUCEPIN.

SUCEPIN.

Fleur principale à cinq pétales, cinq...
Fleurs subalternes.
Quatre pétales.
Calice de quatre feuilles, colorées,
peu durable.
Capsule ovale, à quatre panneaux.
(*Orobanchoïdes.*

PARISETTE.

Quatre pétales persistants.
Calice de quatre feuilles, persistant.
Semences sur deux rangs.
Huit étamines.
Baye à quatre loges.
1. Parisette, à quatre feuilles. *Herba Paris.* Ann.
A Seve.

CRISTOFÉE.

Quatre pétales peu durables.
Calice de quatre feuilles, peu durable.

Tome II.   M

Une trentaine d'étamines.

Baie simple.

Graines sur deux piles.

1. Cristofée. Herbe de S. Christofle, à tige branchue, fleurs en grape. *Christophoriana*. Viv.

A Saint-Germain.

RUE.

Fleur principale à cinq petales, cinq. . . .

Fleurs subalternes.

Quatre pétales.

Calice découpé profondément en quatre.

Capsule à quatre loges, arondie. *Ruta*.

MACRE.

Quatre pétales assez grands.

Calice persistant, découpé en quatre segmens aigus.

Capsule dure, simple, presque ronde , armée de quatre épines , provenantes des segmens du calice.

Semence ovale.

1. Macre , à feuilles nageantes , queues renflées. *Tribuloïdes.* Ann.

TITIMALE.

Corolle en grelot, persistante, de quatre petales inserés au bord du calice.

Calice en grelot , à quatre dents , un peu coloré , persistant.

Au moins douze longues étamines , qui sortent successivement.

Les filamens sont de deux pieces articulées.

Embrion sur une tigette.

Trois stiles au pistil.

Capsule à trois coques, qui s'ouvrent avec explosion.

(*A*)

1. Titimale-réveille-matin, à feuilles en raquette, crenelées, fleurs en cimier,

à cinq rayons & cinq feuilletes, à chacun trois baguettes, à chacune trois
pédicules & trois feuilletes. *Tithyma-*
lus. Ann.

2. Titimale amigdanli, à feuilles
obtufes, fleurs en cimier à plufieurs
rayons, à chacun deux pédicules, feuilletes arondies, enfilées. *Tithymalus.*

A Melun.

3. Titimale des forêts, à feuilles élan_
cées, entieres, fleurs en cimier à cinq
rayons, à chacun deux pédicules &
deux feuilletes embraffantes. *Tithyma-*
lus. Arbr.

A S. Germain.

4. Titimale verruqueux, à feuilles
élancées, velues, dentées en fcie,
fleurs en cimier à cinq rayons, à chacun cinq baguettes, à chacune deux
pédicules & deux feuilletes ovales,
coques couvertes de verrues. *Tithy-*
malus. Bifann.

5. Titimale des vignes, à feuilles
ovales, entieres, fleurs en cimier à

trois rayons, à chacun deux baguettes & deux feuilletes. *Tithymalus*. Ann.

6. Titimale. Petite Esule, à feuilles en lacet, fleurs en cimier à trois rayons, à chacun deux pedicules & deux feuilletes élancées. *Tithymalus*. Ann.

A Chaillot.

7. Titimale doux, à feuilles élancées, obtuses, fleurs en cimier à cinq rayons, à chacun deux pédicules & deux feuilletes ovales. *Tithymalus*.

A Meudon.

8. Titimale. Esule, à feuilles élancées, ovales, fleurs en cimier à plusieurs rayons, à chacun deux pédicules, feuilletes en cœur, pétales à deux petites cornes, capsule lisse. *Tithymalus*. Viv.

9. Titimale - Ciparisse, à feuilles drues, en lacet, fleurs en cimier à plusieurs rayons, à chacun deux pédicules

& deux feuilletes arondies. *Tithyma-lus.*

A S. Maur.

* Ciprin, à feuilles peu ferrées.

* Tête rougeâtre.

* Feuilles pointillées de jaune.

10. Titimale des marais, à feuilles élancées, fleurs en cimier à plufieurs rayons, à chacun trois baguettes, à chacune deux pédicules, feuilletes ovales. *Tithymalus.* Viv.

A S. Maur.

11. Titimale-largefeuille, à feuilles élancées, dentées en fcie, fleurs en cimier à cinq rayons, à chacun trois baguettes, à chacune deux pédicules, feuilletes velues à leur carene, capfule couverte de verrues. *Tithyma-lus.* Ann.

* Feuilles velues, & à dents de fcie très fines.

(B)

» Feuilles oppofées.

» Tige annuelle, ou bifannuelle.

12. Epurge , à feuilles élancées , ombelle à trois ou quatre rayons & plufieurs feuilles , à chacun deux ou trois rameaux & deux ou trois feuil-les , & à chacun deux pédicules & deux feuilles. *Tithymalus.* Bifann.

ANTONIN.

Voyez Neriet.

Corolle moins réguliere.

Piftil penché.

» Feuilles alternes.

13. Antonin, à feuilles élancées, en-tieres. *Chamænerion.* Viv.

A Seve.

FUMETERRE.

Corolle quafi papillonée.

Quatre pétales inégaux.

Calice de deux feuilletes , peu du-rable.

Etamines : deux filamens à deux anteres, & quatre demi anteres.

Silicule ronde, fermée, simple.

1. Fumetere officinale, à fleurs en grape, tige étalée, feuilles découpées menu, fleur rouge. *Fumaria*. Pl. 10. f. 5, 6.

A Seve.

* Fleur pâle.

A Vaugirard.

* Fleur blanche.

Au Calvaire.

* Tige grimpante. Pl. 10. f. 4.

A Verriere.

FLECHIER.

Deux sortes de fleurs sur le même individu, les fleurs mâles au - dessus des femelles.

Trois grands pétales.

Calice de trois feuilles, persistant.

Vingt - quatre étamines ordinairement.

Ordinairement vingt-quatre capsu-les au fruit.

1. Fléchier. Fleche d'eau. Sagette, à feuilles larges, en fer de fleche, à barbillons. *Sagitta.*

* Feuilles étroites.

FLUTEAU.

Trois pétales.
Calice de trois feuilles.
Six étamines
Au moins six capsules, disposées en triangle.

1. Fluteau étoilé. Flûte de Berger, ayant son fruit à six cornes, ou en forme d'étoile, feuilles ovales, pointues. *Damasonium.*

A Meudon.

2. Fluteau trigone, ayant son fruit disposé à trois angles, mousses, feuilles larges. *Damasonium.* Viv.

* Feuilles étroites.

3. Fluteau hérissonné, à fruit rond

en hérisson, feuilles étroites. *Damasonium.*

A Bondy.

4. Fluteau nageant , à tige rampante
& racinante. *Damasonium.*

M O R R E N E.

Deux sortes de fleurs, sur deux pieds
différens.

Spathe de deux feuilles , commune
à trois fleurs mâles.

Fleurs femelles solitaires.

Trois pétales en trefle.

Calice de trois feuilles.

Neuf étamines inégales , sur trois
rangs.

Embrion sous la fleur.

Capsule coriace , à six loges , couronnée des feuilles du calice.

1. Morrene , à fleur blanche, feuilles
en cerceau. *Morsus ranæ.*

A Bercy.

TROSCART,

Trois pétales.

Calice de trois feuilletes , peu durable.

Six étamines courtes.

Capsule à trois loges , dont les panneaux se replient en dedans à leur maturité.

» Fleurs en épi.

1. Troscart des marais , à capsule
grêle. *Juncago.* Bisann.

A Montmorency.

GAUDE.

Trois pétales inégaux , fort découpés.

Calice découpé en quatre.

Trois pistils.

Capsule simple , toujours ouverte par
le haut.

1. Gaude , à feuilles simples , élancées. *Luteola.* Ann.

N. B. La Gaude semble n'être qu'une espece de Reseda.

CIRCÉE.

Deux pétales, courts, évasés.

Calice peu durable, de deux feuilles colorees.

Embrion sous la fleur.

Capsule à deux loges, en poire, hérissée de pointes, & qui s'ouvre de bas en haut.

1. Circée parisienne, à tige droite, plusieurs grapes de fleurs. *Circæa* Viv.

A Jouy.

SECTION XX.

Fleurs unipétales à reconfronter.

ORDRE PREMIER.

Arbres & Arbrisseaux.

LILAS.

Fleurs completes , unipétales , en grape.

Fruit : capsule à deux loges , contenant chacune plusieurs semences aplaties , & bordées d'une membrane.

1. Lilas commun , à feuilles ovales, en cœur. *Lilac.*

HOUX.

Fleur complete , unipétale , contenant l'embrion.

Fruit : baie succulente , à quatre loges , chacune renfermant une semence dure , ou osselet.

N. B. Il y a souvent des fleurs qui avortent.

1. Houx, à feuilles durables, ovales, élancées, armées de piquans. *Aquifolium.*

A Montmorency.

N. B. En vieillissant il perd ses piquans, comme les animaux deviennent chauves.

C H E V R E F E U I L L E.

Fleurs completes, unipétales, portant sur l'embrion.

Fruit : baie molle, à ombilic, à deux loges, contenant chacune plusieurs semences aplaties.

(*A*)

1. Chevrefeuille, à fleurs en bouquets terminans, feuilles opposées. *Caprifolium.*

(*B*)

Fruits gémeaux.

2. Camerifier des buiſſons, à fruits rouges, feuilles unies, ovales, velues. *Chamæceraſus.*

T R O E S N E.

Fleur complete, unipétale, renfermant l'embrion.

Fruit: baie noire, liſſe, contenant quatre ſemences.

1. Troeſne commun. *Liguſtrum.*
* Feuilles tachetées de jaune.

S U R E A U.

Fleurs completes, unipétales, en ci-mier.

Fruit: baie ronde, ſucculente, con-tenant trois ſemences.

1. Sureau commun, à fruit noir, cime partagée en cinq, feuilles oppo-ſées, ailées. *Sambucus.*

V I O R N E.

Fleurs completes , unipétales , en ci-mier.

Fruit : baie , contenant un offelet.

(A)

1. Viorne , à feuilles alternes , fim-ples , dentées en fcie , cotoneufes en deffous. *Viburnum.*

(B)

Fleurs gigantefques & ftériles au contour du cimier , ou fauffe ombelle.

Baie fort rouge.

2. Obier , à feuilles découpées en trois lobes, ayant leur queue chargée de petites glandes. *Opulus.*

O R D R E   S E C O N D.

Simples Herbes.

C E N T A U R I E T E.

Pétale en entonnoir , pavillon dé-coupé en huit fegmens.

Calice découpé en huit.

Capsule oblongue, à une loge & deux valves, qui s'ouvre de haut en bas.

» Tige ramifiée de deux en deux.

1. Centauriete-percefeuille, à fleurs jaunes, feuilles opposées, confluentes & enfilées. *Centaurium minus*. Ann.

A Montmorency.

L I S E R O N.

Pétale en cloche, pavillon légerement découpé en cinq à dix, & plissé.

Calice petit, durable, découpé en cinq.

Embrion dans la fleur.

Capsule recouverte du calice.

1. Liseron des haies, à feuilles en fer de fleche, tronquées en arriere, fleurs blanches, solitaires, pédicules quadrangulaires *Convolvulus*. Viv.

2. Liseron des champs. Liset, à feuilles en fer de fleche, à deux pointes,

fleurs blanches , folitaires. *Convolvulus.*
Viv.

* Fleur couleur de rofe.

* Fleur mêlée de blanc & de pourpre.

MOLLENE.

Pétale en rofette , découpé en cinq
parties égales.

Calice perfiftant , découpé profondément en cinq.

Capfule en toupie , à deux loges ,
qui s'ouvre par en-haut à fa maturité.

» Fleurs en quenouille.

(A)

1. Mollene. Bouillon blanc , à tige
fimple , feuilles courantes , drapées ,
fleur jaune. *Verbafcum.* Bifann.

* Fleur blanche.

2. Mollene drapée , à grande fleur
jaune. *Verbafcum.*

3. Mollene noire. Bouillon noir , à
fleurs oblongues , en cœur , à queue ,

épi lâche, fleur jaune, étamines rougeâtres. *Verbascum.*

A la Morlaie.

4. Mollene vivace, branchue, feuilles ovales, pointues, à queue. *Verbascum.* Viv.

5. Mollene-licnite, à feuilles en coin
oblong, crenelées, veloutées en-deffous, épis lâches, petite fleur jaune.
Verbascum.

* Petite fleur blanche.

(B)

» Fleurs alternes, axillaires, folitai-
» res.

Mitiere annuelle. Herbe aux Mites,
à feuilles liffes, oblongues, ondées,
dentées en fcie, fleur jaune. *Blattaria.*
Ann.

* Fleur blanche.

CUSCUTE.

Pétale en godet ; bord découpé en

cinq, avec un nectaire de cinq écailles.

Calice en godet, charnu à sa base, bord découpé en cinq.

Embrion dans le calice.

Capsule charnue, à deux loges, qui s'ouvre horizontalement.

» Fléaux parasites, à mammelons, ou » suçoirs.

» Fleurs par groupes.

1. Cuscute à ficelle, nue, fleurs assises. *Cuscuta.* Ann.

A Bondy.

2. Cuscute à filets, nue. Epitim. *Cuscuta.* Ann.

* Fléaux orangés, fleur blanche.

A Madrid.

N. B. A Moissy-Cramayel on l'appelle la Teigne. Elle dévoroit en 1766 les lusernes du presbytere.

LISIMAQUE.

Pétale en rofette, à cinq rayons ovales, oblongs.

Calice découpé en cinq, perfiftant.

Capfule fimple, ronde, à dix panneaux, qui s'ouvre par la pointe.

(*A*)

1. Lifimaque corneille, à tige droite, feuilles élancées, fleurs jaunes, en grape terminante. *Lvfimachia.* Viv.

    * Feuilles trois à trois.

    » . . . . quatre à quatre.

    * . . . . cinq à cinq.

(*B*)

» Tige rampante.

» Fleurs folitaires.

2. Nummulaire officinale, à tige rampante, feuilles en cœur, fleurs jaunes. *Lyfimachia.* Viv.

    A Jouy.

    * Feuilles arrondies.

3. Nummulaire délicate, rampante,

à feuilles arrondies , fleurs purpurines. *Lysimachia.*

A Meudon.

P R I M E V E R E.

Pétale en souscoupe , bord découpé en cinq lobes échancrés en cœur.

Calice cannelé , à cinq pointes , per-sistant.

Embrion dans la fleur.

Capsule oblongue , qui s'ouvre par le haut , à dix dents.

Petite collerete commune à plusieurs fleurs.

„ Feuilles minces & ridées.

1. Primevere officinale. Coucou , à feuilles dentées , fleurs en cimier , jau-nes , odorantes. *Primula veris.* Viv.

A Belleville.

* Tige florale élevée , fleur pâle , peu ou point odorante.

A Marly.

2. Primevere sans tige , à feuilles velues , fleurs pâles , en cimier sur un

pédicule extrêmement petit. *Primula veris.* Viv.

A Rochefort.

MOURONDEAU.

Pétale en soucoupe.

Calice découpé en cinq, persistant.

Embrion sous la fleur.

Capsule ovale, entourée du calice, & qui s'ouvre à demi, à cinq batans.

1. Mourondeau. *Samolus.* Bisann.

A Meudon.

CENTAURIETE.

Pétale en entonnoir, pavillon découpé en cinq.

» Tige divisée de deux en deux.

1. Centauriete fébrifuge. Petite Centaurée, à feuilles élancées, longues & étroites, fleurs rouges. *Centaurium minus.* Viv.

A Meudon.

* Fleur blanche.

* Tige baſſe, très branchue.

Dans les marais.

* Tige très petite.

A Bondy.

3. Centauriete cloſe, à tige très petite, fleur qui ne s'épanouit point. *Centaurium minus.* Pl. 6. f. 2.

Dans les marais.

G E N T I A N E.

Pétale en cloche, pavillon découpé
en cinq.

Calice découpé.

Embrion dans la fleur.

Capſule oblongue, à une loge &
deux panneaux, qui s'ouvre de haut en
bas.

„ Feuilles oppoſées, entieres.

1. Gentiane d'automne, à grandes tiges, feuilles en lacet, fleurs en petit
nombre, terminantes, pétale droit,
pliſſé. *Gentiana.* Viv.

A Verſailles.

2. Gentiane

2. Gentiane amarelle, à fleur en cloche très évafée, bord du gouleau velu. *Gentiana*. Ann.

Dans les marais.

A Saint-Germain.

MENIANTE.

Pétale en entonnoir, pavillon découpé en cinq fegmens velus.

Calice découpé en cinq, perfiftant.

Capfule ovale, à deux batans, recouverte du calice, & qui s'ouvre de haut en bas.

» Tige fimple, terminée par un épi de fleurs.

(A)

1. Meniante aquatique, à feuilles en trefle, feuilletes larges. *Menyanthes*. Viv.

A Saint-Clair.

* Feuilles étroites.

(B)

Pétale en rofete.

Tome II.

N

Bords du pétale déchiquetés , garnis de cils.

2. Nimfete,à feuilles en cœur. *Nym-
phoïdes.* Viv.

A Mante.

* Feuilles tachetées.

PLANTINELLE.

Pétale en clochete , court, découpé
en cinq ſegmens égaux , évaſés.

Calice découpé en cinq.

Quatre étamines, deux à deux.

Capſule ouverte, à demi recouverte
du calice , à une loge & deux panneaux.

1. Plantinelle des marais , à feuilles
élancées , fleur blanche. *Plantaginella.*
Viv.

A Meudon.

PLUMEAU.

Pétale en ſoucoupe , découpé en
cinq.

Calice découpé en cinq lanieres.

Capsule ronde , terminée en pointe, posée sur le calice.

Placenta rond.

» Fleurs verticillées.

» Tige nue.

1. Plumeau , à fleur rougeâtre. *Stratiotes*. Viv.

A Saint Clair.

* Fleur blanche.

MOURON.

Pétale en rosete.

Calice découpé en cinq , persistant.

Capsule ronde , qui s'ouvre horisontalement en boëte à savonete.

1. Mouron des champs. Gros Mouron , à feuilles entieres , tige couchée , fleur rouge. *Anagallis*. Ann.

* Feuilles trois à trois.
* Feuilles quatre à quatre.
* Fleur bleue.

AIRELLE.

Pétale en grelot, bord découpé en cinq segmens retournés.

Calice très petit.

Embrion sous la fleur.

Baie ronde, terminée en plateau, avec un petit ombilic couronné par le calice, à cinq loges, contenant quelques petites semences.

1. Airelle. Mirtille, à tige anguleuse, feuilles ovales, crenelées, peu durables, baie noire, fleur rouge. *Vitis Idæa*. Arbr.

A Saint Prix.

YEBLE.

Fleur en cimier.

Pétale en roue, découpé en cinq.

Calice permanent, découpé en cinq.

Baie simple.

,, Tige simple, herbacée, annuelle.

,, Cime fendue en trois.

» Stipules feuillées.

1. Yeble. *Sambucus.*

POURPIER.

Pétale divisé en cinq, en rosete.

Calice fendu en mitre.

Deux étamines.

Embrion dans la fleur.

Capsule simple, qui s'ouvre en deux horisontalement à maturité, & tombe avec le pétale & la moitié du calice.

Placenta sans adhérence.

1. Pourpier potager, à feuilles en coin, épaisses, fleurs assises. *Portulaca.* Ann.

MUSQUINE.

Fleur principale, à quatre pétales, quatre . . .

Fleurs subalternes :

Pétale en roue, découpé en cinq.

Calice fendu en deux.

Baie à cinq loges, avec un ombilic.

1. Musquine. *Moschatellina.*

BRUYERE.

Pétale en grelot, bord découpé en quatre.

Calice de quatre feuilletes, durable.

Embrion dans la fleur.

Capsule à quatre loges, autour d'un axe.

Plusieurs petites semences.

1. Bruyere vulgaire, à feuilles à éperon, lisses, posées en recouvrement par paires qui se croisent, corolle à double grelot, fleur rouge. *Erica.*

* Fleur blanche.

A Nanterre.

* Feuilles velues.

A Fontainebleau.

2. Bruyere barbue, à feuilles en alène, à cils, embriquées par paires

qui se croisent ; pétale en grelot, fleur rouge. *Erica.*

A Saint-Leger.

* Fleur blanche.

3. Bruyere cendrée, à feuilles longues & étroites, lisses, opposées trois à trois, épi lâche, pétale en forme de grelot oblong, ou de petite cucurbite. *Erica.*

* Fleur violet-clair.

* Fleur blanche.

A Verriere.

* Fleur incarnate.

4. Bruyere à balais, tige haute, feuilles longues & étroites, trois à trois, peu durables, fleurs en clochete, fort drues, à l'extrémité des branches. *Erica.*

A Fontainebleau.

PIMPENELLE.

Pétale en roue, découpé en quatre, persistant.

N iv

Calice de trois feuilles colorées.

Au moins trente étamines, à filets très longs.

Baie feche, anguleufe.

» Deux fortes de fleurs dans le même » épi, les femelles au-deffus des mâ- » les.

1. Pimpenelle velue, tige un peu anguleufe. *Pimpinella*. Viv.

* Liffe.

P I M P R E N E L L E.

Pétale découpé profondément en quatre.

Calice de deux feuilles, peu durable.

Quatre étamines.

Embrion fous le pétale, au dedans du calice.

Capfule à deux loges.

» Feuilles ailées.

1. Pimprenelle officinale, à fleurs en épi ovale. *Pimpinella*. Viv.

PLANTAIN.

Pétale en tuyau, dont le haut est évasé en soucoupe, & découpé en croix, qui se fane.

Calice persistant, très court, fendu en quatre.

Capsule ovale, à deux loges, qui s'ouvre horisontalement.

» Hampe.

» Feuilles entieres.

1. Plantain large, à feuilles lisses, ovales, à cinq nervures, hampe feuil-lée, fleurs embriquées, en épi. *Plantago*. Viv.

2. Plantain cotoneux, à feuilles ova-les, élancées, épi cilindrique. *Plantago*. Viv.

3. Plantain élancé, à feuilles étroi-tes, épi ovale, nud, tige anguleuse. *Plantago*. Viv.

* Plusieurs épis.

N v

* Feuilles à trois nervures.

Dans les marais.

(B)

Fleurs femelles affiffes au bas de la hampe de la fleur mâle.

» Feuilles longues & étroites.

5. Plantain uniflore. *Plantago.*

A Montmorency.

(C)

Feuilles en lacet, à longues dente-lures.

6. Cornope. Corne de cerf. *Corono-pus.*

(D)

» Tige branchue, & garnie de feuil-
» les oppofées.

7. Puciere. Herbe aux puces, à tige droite, herbacée, feuilles étroites, un peu dentées, courbées. *Pfyllium.* Ann.

CENTAURIETE.

(C)

Pétale fenduen quatre.

4. Centauriete filiforme, à fleurs

jaunes, fur de long spédicules, feuilles oblongues & étroites. *Centaurium minus*. Pl. 6. f. 3. Ann.

A Bondy.

GENTIANE.

(*B*)

Pétale fendu en quatre.

3. Gentiane croifete, à fleurs verticillées, terminantes, affifes. *Gentiana*. Viv.

A Vigny.

4. Gentianelle, à fleurs fort ferrées, gouleau fermé d'une pellicule déchiquetée, feuilles ovales, pointues. *Gentiana*. Ann.

A Fontainebleau. Septembre.

CENTENILLE.

Pétale en grelot, bord découpé en croix.

Calice perfiftant, découpé en quatre fegmens élancés.

Capfule ronde, qui s'ouvre horifontalement en boëte à favonete.

(*A*)

1. Centenille, à tige tres petite, feuilles alternes, ovales, fleurs blanches. *Anagallis.* Pl. 4. f. 2. Ann.

A Bondy.

C A N N E B E R G E.

Voyez Airelle.

(*B*)

Pétale découpé en trois.

Baie à quatre loges.

2. Canneberge des marais, à fléaux grêles, rampans, nuds, feuilles ovales, durables, entieres, roulées en deſſous. *Oxycoccus.* Viv.

M U S Q U I N E.

Fleur principale.

Pétale en roue, découpé en quatre.

Calice fendu en deux.

Embrion entre le calice & la corolle.

Baie ronde, à quatre loges, ayant en deſſous une eſpece d'ombilic.

Fleurs ſubalternes, à cinq pétales, cinq . . . .

» Fleurs réunies en forme de tête.

» Feuilles découpées.

» Tige simple, d'un tiffu fpongieux.

1. Mufquine. *Mofchatellina*. Viv.

A Charonne.

GLOBULAIRE.

Fleurs réunies en un boulon.

Calice commun, à écailles embriquées.

Placenta commun, à compartimens diftingués par des pailletes.

Pétale labié, levre fupérieure très petite, fendue en deux, & retournée, levre inférieure partagée en trois fegmens égaux.

Calicet découpé en cinq, perfiftant.

Semence recouverte de fon calice propre.

1. Globulaire vulgaire, à tige herbacée, feuilles d'en bas à trois dents, celles de la tige élancées. *Globularia.* Viv.

A Seve.

MONTI.

Pétale découpé en cinq lanieres inégales, dont deux grandes & trois petites, celles-ci portant les étamines.

Calice de deux feuilles, quelquefois de trois, persistant.

Capsule en toupie, à une loge &
trois panneaux, qui s'ouvre avec explosion.

Trois semences.

1. Monti des fontaines. *Alsinoïdes.*
Pl. 3. f. 4.

A Versailles.

JUSQUIAME.

Pétale en corne d'abondance, bord
découpé en cinq parties inégales.

Calice en tuyau, renflé par le bas,
limbe découpé en cinq pointes.

Capsule en urne, à deux loges, avec
son couvercle.

» Fleurs folitaires , axillaires.

» Odeur fade & fétide.

1. Jufquiame noire. Hannebane , à feuilles ondées , embraffantes. *Hyof-cyamus*. Bifann.

A Saint-Denis.

VÉRONIQUE.

Pétale en roue , découpé profondé-ment en quatre fegmens inégaux.

Calice fendu en quatre , perfiftant.

Embrion dans la fleur.

Capfule en cœur, à deux loges, & à quatrep anneaux.

» Fleurs en épi.

(A)

1. Véronique à épi , petite tige droite, feuilles oppofées , crenelées , obtufes , fleurs bleuâtres en épi termi-nant. *Veronica*. Viv. Pl. 33. f. 4.

* Fleurs blanches.

* Fleurs couleur de rofe.

* Feuilles étroites.

2. Véronique officinale. Véronique mâle, à tige couchée, feuilles oppofées, ovales, chagrinées, fleurs bleues en épis latéraux. *Veronica.* Viv.

* Fleurs rougeâtres.
* Fleurs blanches.

3. Véronique - teucriette , à tige droite , feuilles ovales, ridées, dentées, fleurs en grapes latérales fort alongées. *Veronica.* Viv.

(B)

En bouquet , ou épi lâche.

4. Véronique - chênette , à tige foible , feuilles oppofées , ovales , ridées , dentées , affifes , fleurs bleues , en grapes latérales. *Veronica.* Viv.

* Fleurs rougeâtres.

A Boulogne.

3. Véronique-ferpoline , femele , à feuilles liffes , crenelées, celles d'enbas oppofées , ovales , celles d'en haut alternes , élancées , fleurs bleues , en bouquets lâches. *Veronica.* Viv.

* Fleurs blanches.

A Montmorency.

6. Véronique des champs, à feuilles en cœur, crenelées, fleurs folitaires fur de longs pédicules. *Veronica*. Ann.

* Fleurs mêlées de bleu & de blanc.

(C)

Fleurs folitaires.

7. Véronique des guerets, à feuilles oppofées, en cœur, crenelées, fleurs folitaires, affifes. *Veronica*. Ann.

8. Véronique lierrée, printanniere, à fleurs folitaires, feuilles alternes, plates, en cœur, à cinq lobes, fleurs bleues. *Veronica*.

* Fleurs rougeâtres.

9. Véronique treflée, à feuilles alternes, celles d'en bas decoupées en cinq, celles d'en haut en trois, fleurs folitaires, *Veronica*. Ann.

* Feuilles dentées.

A Chatou.

10. Véronique romanette, à fleurs folitaires fur des pédicules courts, ti-

ge droite, un peu velue; feuilles ovales, liffes, crenelées. *Veronica.* Pl. 33. f. 3.

* Fleurs bleues, purpurines.

(D)

» Feuilles oppofées , épaiffes , lif-
» fes.

» Fleurs axillaires.

11. Becabonga rampant, à tige couchée, fongueufe, feuilles ovales, crenelées , fleurs en épis lâches. *Veronica.*

12. Becabonga berullet , à tige droite, feuilles élancées, dentées en fcie, feuilles en épis peu ferrés. *Veronica.* Ann.

* Mineur.

13. Becabonga à écuffons, feuilles élancées , très étroites , bords unis , fleurs en épis lâches, pendants. *Veronica.* Viv.

POLIGALA.

Corolle unipétale, papillonnée, à étendart court, replié, ailes très grandes & étendues, gondole terminée par un pinceau de filets.

Calice coloré, découpé très profondément en trois.

Huit étamines.

Capfule en toupie applatie, à deux loges.

1. Polygala vulgaire, à fleurs en grape, tige couchée, feuilles élancées, très étroites, fleurs bleues. *Polygala.* Pl. 32. f. 1. Viv.

* Fleurs rouges.

* Fleurs blanches.

* Mineur.

* Fleurs mêlées de bleuâtre & de blanc.

* Feuilles plus pointues.

A Seve.

2. Poligala amer, à fleurs en grapes, tige affez ferme, feuilles d'en bas ar-

rondies , fleurs bleues. *Polygala.* Pl. 32. f. 2.

    * Fleur rougeâtre.
    * Fleur blanche.
    A Epiſy.

VERVENE.

Pétale découpé en cinq parties inégales (deux & trois).

Calice profondément découpé en quatre.

Capſule peu apparente , adhérente aux ſemences , & qui ſe partage en quatre.

    » Fleurs diſpoſées alternativement ,
» & formant des épis.

    » Feuilles fort découpées.
    Verbena. Viv.

N. B. La Vervene tient le milieu entre la famille des Muſlaudes & celle des Labiées.

VALERIANE.

Pétale en oiseau volant, à deux têtes.

Calice en bourlet.

Fruit en forme de caraffe aplatie,
couronné d'une aigrette de plumes,
provenante du calice.

1. Grande Valériane sauvage, officinale, ayant ses feuilles découpées en
ailes, trois étamines. *Valeriana.* Viv.

A Meudon.

* Feuilles luisantes.

Dans les Bois.

2. Valériane des marais, à tige basse, feuilles du haut de la tige découpées en ailes, à petites fleurs. *Valeriana.* Viv.

* Deux individus, l'un mâle & l'autre femele.

* Fleur blanche.

3. Valériane des fleuristes, à feuilles élancées, entieres, pétale à épe-

ron, une seule étamine, fleur rouge
Valeriana. Viv.

M A C H E.

Corolle unipétale, irréguliere.

Capsule unie, sans aigrette de plù-
mes, à deux ou trois loges.

» Fleurs en cimier.

1. Mâche à salade, feuilles étroites,
élancées, fruit applati. *Valerianella.*
Ann.

* Fruit rond, avec un ombilic.
A Bondi.

* Fruit oblong, avec un ombilic.
A Bondi.

2. Mâche à trident, à feuilles oblongues, ordinairement dentées, fruit
couronné de trois pointes. *Valerianella.*
Ann.

N. B. La Valériane & la Mâche tou-
chent de fort près à la famille des Dip-
facées.

CLASSE III.

SECTION PREMIERE.

Famille des Mélampides.

SILVIE.

Six à neuf pétales, en deux à trois rangs.

Une cinquantaine d'étamines, au moins.

Fruit oblong, composé pour le moins d'une cinquantaine de semences, avec leurs piftils perfiftans.

Bracteole en collet, tailladé en trois.

1. Silvie blanche des bois, à feuilles découpées, fleurs ordinairement une à une fur une hampe, fleur blanche, femences terminées en pointe. *Anemonoïdes.*

* Fleur purpurine.

2. Silvie jaune, à grandes fleurs jaunes, une à deux fur une hampe, fe-

mences terminées en pointes, pétales arrondis, feuilletes découpées. *Anemonoïdes.* Ann.

A Charonne.

3. Silvie treflée, à fleurs solitaires, feuilles en trefle, feuilletes ovales, dentées en scie. *Anemonoïdes.*

A Chantilly.

P O U S S A T I L E.

Six pétales.

Une cinquantaine d'étamines.

Quantité de pistils, terminés chacun par une trompe barbue.

Bracteole en collet tailladé.

» Fleurs une à une, sur une hampe.

1. Poussatile. Coquelourde, à feuilles composées, empennées, fleurs grandes, penchées, bords relevés. *Pulsatilla.* Viv.

A Madrid.

* Fleur violette.
* Fleur double, frangée.

P O P U L A G E.

POPULAGE.

Cinq pétales, peu durables.
Une centaine d'étamines.
Cinq à dix piftils.
Fruit en tête ronde, formé de cinq à dix capfules, qui s'ouvrent en valifes.

» Fleurs folitaires, axillaires.
» Feuilles à longue queue.
1. Populage, à grande fleur. *Populago*. Viv.
A Gentilly.
* Petite fleur.

ELLEBORE.

Calice de fix pétales égaux.
Cinq nectaires en cornet.
Au moins trente étamines.
Fruit compofé de deux à trois capfules, qui s'ouvrent en valifes.

» Feuilles découpées profondément.

Tome II. O

1. Ellebore griffon, puant, à tige amincie par le bas, fort chargée de feuilles & de fleurs, feuilles en eventail, courtes. *Helleborus*. Bisann.

C L E M A T I T E.

• Quatre pétales.

Au moins quinze étamines.

Quantité de piftils, terminés chacun par une trompe barbue.

1. Clématite. Herbe aux gueux, à tige farmenteufe, feuilles empennées, feuilletes en cœur. *Clematitis*. Viv.

* Feuilletes entieres.

N. B. Les queues des feuilles s'accrochent, en fe roulant, à tout ce qu'elles rencontrent.

P I G A M O N.

• Quatre pétales, peu durables.

Beaucoup d'étamines.

• Plufieurs piftils.

Semences à nud.

1. Pigamon jaune, à tige sillonnée & feuillée ; fleurs en panicule, droite, filique anguleuse, vingt - quatre étamines, dix à seize piftils. *Thalictrum.* Viv.

2. Pigamon luifant, à tige sillonnée & feuillée, feuilletes en lacet & charnues. *Thalictrum.*

A Palaifeau.

3. Pigamon mineur, à tige feuillée, unie, feuilles compofées de fix feuilletes pointues, pointe rougeâtre, pannicule fimple, fleurs penchées. *Thalictrum.* Viv.

SECTION II.

Famille des Liliacées.

FALANGERE.

Six pétales plats, oblongs, fort évafés.

Six étamines,

Capfule ovale, lifle, à trois fillons, trois loges & trois panneaux.

1. Falangere-liliague, à piftil incliné, hampe très fimple, feuilles plates. *Phalangium.* Viv.

A Seve.

2. Falangere branchue, à piftil droit. *Phalangium.* Viv.

A Seve.

ORNIGAL.

Six pétales en étoile, unis par leur bafe, qui perfiftent en fe décolorant.

Six étamines à filamens larges.

Embrion dans la fleur.

Capſule à trois loges.

» Quelques écailles vagues ſur la
» hampe.

(A)

1. Ornigal jaune , à fleursen cimier,
hampe anguleuſe, à deux feuilles , filamens en alene. *Ornithogalum.* Viv.

A Montfaucon.

2. Ornigal à corimbe , fleurs à longs
pédicules , filamens en alene , echan-
crés alternativement. *Ornithogalum.*
Viv.

A Grenelle·

3. Ornigal majeur , à fleurs d'un verd
jaunâtre , en épis très longs , filamens
triangulaires , les pédicules des fleurs
fort écartés d'abord , ſe rapprochent peu
à peu. *Ornithogalum.* Viv.

A Montmorency.

(B)

Six pétales fort évaſés , peu durables.
Capſule ovalaire , liſſe, à trois ſillons
& trois loges.

4. Scille d'automne , à fleurs bleues,

en corimbes, sur de longs pédicules nuds, feuilles comme des fils. *Ornitho-galum*. Viv.

A Boulogne.

* Fleurs purpurines.
* Fleur blanche.

M O L Y.

Fleur incomplete.
Six pétales en étoile.
Six étamines.
Embrion dans la fleur.
Capsule à trois loges.

» Fleurs en boulon, ou en cimier.
» Spate commune, qui se fane.

1. Moly. Ail, à fleurs jaunes, en ci-mier lâche, aplati, hampe nue, arron-die, feuilles radicales élancées, assi-ses. *Allium*. Viv.

A Saint-Cloud.

2. Moly oursin, à fleurs en cimier aplati, hampe nue, demi cilindrique,

feuilles élancées, à queue. *Allium.*
Viv.

A Montmorency.

3. Moly-ampéloprase. Porreau fauvage, à fleurs en boulon, carene des pétales rude, feuilles plates. *Allium.*

A Saint-Maur.

4. Moly-bouletête, à longues étamines, feuilles fistuleuses, demi cilindriques. *Cepa.*

A Seaux.

5. Moly jaunâtre, à tête chargée de bulbes, spate à deux ou trois cornes, feuilles fistuleuses. *Cepa.*

A Chatou.

* Feuilles pendantes.

6. Moly des vignes, à tête chargée de bulbes, tige cilindrique. *Cepa.*

A Châtenay.

ASPERGE.

Calice persistant, de six pétales, trois & trois, réunis par leur base.

Six étamines.

Baie ronde , à trois loges , avec un point ombilical.

Semences deux à deux , liſſes.

» Feuilles très menues.

» Les fleurs viennent pluſieurs en-
» ſemble aux aiſſelles des feuilles.

1. Aſperge officinale , à tige droite, herbacée , trois ſtipules , deux intérieu-res & une extérieure , feuilles ſoyeu-ſes. *Aſparagus.*

A Palaiſeau.

I R I S.

Six pétales unis par leur baſe , diſpo-ſés alternativement ſur deux rangs , extérieurs cambrés , intérieurs tournant leur pointe au zenit.

Trois étamines.

Embrion ſous la fleur.

Trois ſtigmates à lames fort larges , & courbées en arc, qu'on prendroit pour des pétales.

Capsule à trois loges.

» Spates vagues entre les fleurs.

1. Iris. Faux acorus, à fleur jaune, sans barbes, pétales intérieurs fort courts, feuilles en bayonnete. *Iris.* Viv.

A Palaiseau.

* Feuilles courtes, bleuâtres.

2. Iris gigot, puant, à fleur sans barbe, pétales intérieurs fort évasés, tige à un seul tranchant, feuilles en bayonnete. *Iris.* Viv.

A Saint-Maur.

3. Iris Germanique. Flambe, à tige haute, fort chargée de fleurs barbues. *Iris.* Viv.

PERCENEGE.

Trois pétales.

Trois nectaires, ou petits pétales intérieurs.

Embrion sous la fleur.

Capsule à trois loges, & trois panneaux.

Spate oblongue, qui se flétrit.

» Hampe.

1. Percenege, à trois feuilles. *Narcisse-Leucoïum.* Viv.

Au Jardin-Royal.

NARCISSE.

Pétale en entonnoir, à pavillon découpé en six, & garni d'un nectaire en forme de collier, ou de gorgerete un peu frangée.

Embrion sous la fleur.

Capsule à trois loges & trois panneaux.

» Hampe.

1. Narcisse sauvage, à grand nectaire en cloche, pétales ovales, hampe uniflore. *Narcissus.* Viv.

COLCHIQUE.

Pétale à long tuyau, pavillon large, découpé en six.

Six étamines.

Trois pistils à longs stiles.

Capsule triple, ou trois capsules réunies.

» Fleurs en automne.

» Feuilles & fruits au printems sui-
» vant.

1. Colchique des prés, à feuilles élancées, droites, fleurs de couleur vineuse. *Colchicum.* Viv.

A Meudon.

J A C I N T E.

Pétale à long tuyau, pavillon découpé en étoile à six rayons.

Trois petits nectaires.

Capsule à trois loges & trois panneaux.

» Fleurs en épi sur une hampe.

(A)

1. Jacinte des bois, à fleur en cloche, bords roulés ; fleurs bleues.

longues fpates. *Hyacinthus.* Viv.

A Belleville.

*Fleur grife.

* Fleur blanche.

(B)

Pétale en grelot.

2. Mufcari, à feuilles larges, fleurs rougeâtres. *Mufcari.* Viv.

A Saint-Maur.

* Feuilles très étroites, fleur bleue.

A Bondy.

M U G U E T.

Pétale en cloche ronde, ou grelot, bord découpé en fix.

Embrion dans la fleur.

Baie à trois loges, tachetée avant fa maturité.

» Fleurs en épi.

1. Muguet, à hampe nue, feuilles ovales, oblongues, fleur blanche. *Lilium convallium.* Viv.

SIGNET.

Pétale en cloche oblongue, pavillon découpé en six, évasé & rabatu.

Embrion dans la fleur.

Baie ronde, à trois loges, d'abord tachetée, puis noire.

» Tige simple, garnie de feuilles.

1. Signet. Genouillet. Sceau de Salomon, à feuilles alternes, embrassantes, fleurs axillaires, en pied, tige anguleuse. *Polygonatum.* Viv.

A Saint-Maur.

2. Signet maintefleur, à tige ronde, feuilles alternes, embrassantes, plusieurs fleurs sur chaque pédicule axillaire. *Polygonatum.* Viv.

A Versailles.

HOUSSON.

Calice découpé en six lobes, sur deux rangs.

Embrion dans la fleur.

Grand nectaire ovale, boursouflé.

Anteres sur le nectaire.

Baie ronde, à trois loges.

2. Housson piquant. Houx frelon. Fragon, à fleur sur la nervure de la feuille, au recto, qu'on prendroit aisément pour le verso, si l'on n'y faisoit pas une attention particuliere. *Ruscus.* Arbr.

A Jouy.

JONC

Calice découpé en six segmens d'abord colorés.

Spate écailleuse.

Six étamines.

Capsule à trois loges & trois panneaux.

1. Jonc conglomeré, à fleurs en boulete latérale, chaume nud, serré. *Juncus.* Viv.

2. Jonc éboulé, à fleurs en pannicule latérale, chaume nud, lisse, serré. *Juncus.*

3. Jonc à méches, fleurs en panicule latérale, chaume nud, pointu. *Juncus.* Viv.

* Pointe arquée.

4. Jonc en filet, chancellant, mineur à fleurs éparſes ſur les rameaux, ou en pannicule latérale. *Juncus.* Pl. 20. f. 1.

5. Jonc rude, à chaume nud, feuilles ſoyeuſes, fleurs en pelote terminante, ſans feuilles. *Juncus.*

6. Jonc bulbeux, à capſules obtuſes, feuilles en lacet, cannelées. *Juncus.*

A Montfort.

7. Jonc des crapauds, à fleurs ſolitaires, aſſiſes, tige ramifiée de deux en deux, feuilles anguleuſes. *Juncus.* Ann.

* Panicule très lâche.

* Très petit.

8. Jonc rampant, à pannicule feuillée, capſule triangulaire. *Juncus.*

9. Jonc articulé, à pétales obtus, feuilles nouées, comme par articulations. *Juncus.* Viv.

A Montmorency.

10. Jonc velu, à fleurs en corimbe ramifié, feuilles plates, velues. *Juncus.*

A Cressy.

* Très grand.

11. Jonc champêtre, à fleurs en épi assis, feuilles plates, un peu velues. *Juncus.* Viv.

* Epi en pied.
* Epi serré.

12. Jonc blanc, à fleurs blanches en pannicule, feuilles longues, plates, un peu velues. *Juncus.* Viv.

A Meudon.

SMIGUET.

Pétale court, en roue, découpé en quatre.

Baie à deux loges.

1. Smiguet, à tige très basse, feuilles en cœur. *Lilium convallium. Smilax.* Viv.

A Bondy.

SECTION III.

Famille des Orquides.

ORQUIS.

Ailes, fourreaux & mantelet ra-prochés en maniere de casque.

Tablier large en languete, découpé en plusieurs segmens, & terminé par un éperon pendant en arriere en forme de corne.

(*A*)

1. Orquis capet, à calice, en forme de casque, tablier découpé en cinq, & pointillé, éperon mousse, tous les pé-tales unis, fleurs purpurines, assez bonne odeur, fourreaux fort étendus. *Orchis.* Viv.

A Fontainebleau.

* Fleur grise, cendrée. Pl. 31. f. 22, 23, 24.

* Fleur purpurine, représentant un singe. Pl. 31 f. 25, 26.

A Saint-Maur.

* Fleur couleur de chair clair.

* Fleur blanche.

* Fleur purpurine, odeur de bouc.
Pl. 31. f. 21, 27, 28, 29.

A S. Maur.

2. Orquis mauret, à tablier découpé
en quatre, & pointillé, pétales distincts,
éperon obtus. *Orchis.* Pl. 31. f. 35, 36.
Viv.

A Chaville.

3. Orquis bouffonne, à tablier découpé en quatre segmens, & crenelé
sur ses bords, éperon obtus, tous les
pétales rapprochés, fleur purpurine,
odorante. *Orchis.* Pl. 31. f. 13, 14. Viv.

A Abbecourt.

* Fleur violete.

* Couleur de rose.

* Couleur de chair.

* Couleur de pourpre foncé. Pl. 31.
f. 33, 34.

A Buc.

* Fleur blanche.

* Panachée de pourpre & de blanc.

* Tardive.

A Cachan.

4. Orquis moumon, à tablier découpé en quatre lobes, & crenelé sur ses bords, foureaux relevés, éperon obtus, feuilles tachetées. *Orchis*. Pl. 31. f. 11, 12. Viv.

A Seve.

* Feuilles non tachetées.

* Sans odeur.

5. Orquis punais, à tablier fendu en trois, crenelé, replié, éperon court, ailes rapprochées, odeur & couleur de punaise. *Orchis*.

» Fleur verdâtre. Pl. 31. f. 30, 31, 32. Viv.

A Jouy.

6. Orquis pyramidal, à tablier fendu en trois, avec deux dents en devant, & un long éperon, ailes pointues, épi en pyramide. *Orchis*. Viv.

* Repréfentant un coufin, ou une demoifelle.

A Fontainebleau.

7. Orquis palmete, à tablier découpé en trois lobes repliés par les
côtés, éperon conique, ailes rapprochées, fourreaux relevés, longues fpates, fleur rouge. *Orchis.* Pl. 31. f. 1,
2, 3, 4, 5.

A Porchefontaine.
* Fleur incarnate.
* Fleur blanche.
* Fleur rayée.
* Feuilles tachetées.

8. Orquis tacheté, à tablier plat,
crenelé, éperon court, ailes rapprochées, fourreaux écartés, fleur rouge,
feuilles tachetées. *Orchis.* Pl. 31. f. 9,
10. Viv.

A Belleville.
* Fleur blanche.
* Fleur marbrée.

9. Orquis giroflé, à tablier découpé en trois, éperon en long filet, ailes
rapprochées, fourreaux fort étendus,
fleur rouge, odeur de girofle. *Orchis.*
Pl. 30. f. 8 - 8. Viv.

* Fleur gris de lin.

A Bonnelles.

(B)

Tablier élancé, sans découpure, eperon fort long, ailes étendues.

» Deux ou trois feuilles sur la tige.

10. Damete. *Orchis*. Pl. 30. f. 7. Viv.

(C)

Tablier ovale, court, concave, sans
découpure, spathes courtes.

11. Limodore. *Limodorum*.

A Fontainebleau.

SATIRION.

Casque de cinq pétales.

Eperon en forme de petite bourse.

1. Satirion bouquin, à feuilles élancées, tablier déchiré en trois lam-
beaux, dont un fort long. *Orchis*. Pl. 30.
f. 6. Viv.

A Boulogne.

2. Satirion grenouillard, à feuilles
oblongues, obtuses, tablier découpé

en trois lanieres verdâtres. *Orchis.* Pl
31. f. 6, 7, 8. Viv.

A Moulignon,

O F R I S.

Tablier long , pendant, fans éperon, repréfentant une efpece de carene en arriere.

(*A*)

1. Ofris-bifeuille , à double feuille,
tablier fendu en deux fegmens paralleles , feuilles ovales , tige garnie de
deux feuilles feulement, ou trois au
plus. *Ophris.* Viv.

Aux Champs Elifées.

* Racine bulbeufe.

A Epify.

2. Ofris fpirale , à tablier crenelé,
fans découpure, tige pouffant à côté
du feuillage. *Orchis.*

A Chailly.

* Tige pouffant au milieu du feuil-

...ge , feuilles longues & étroites.

A S. Leger.

3. Ofris pantine , à tablier découpé en quatre membres , fleur repréfentant un pantin, hampe garnie de feuilles. *Orchis*. Pl. 31. f. 19 , 20.

A Samoy.

(*B*)

Tablier large , avec une pochette en forme de fabot, ou de ventre d'infecte.

" Feuilles de la tige oblongues.

4. Frelane-Guepe, reffemblante à un frélon , de couleur de rouille. *Orchis*. Pl. 31. f. 15 , 16.

* Verdâtre.

* Feuilles du haut de la tige lavées de pourpre. Pl. 30. f. 9.

" Automnale.

A Seve.

5. Frelane-Moucheron, reffemblante à une mouche , verdâtre. *Orchis*. Pl. 31. f. 17, 18.

A Maur.

6. Araigne , reffemblante

à une abeille. Pl. 30. f. 10, 11, 12, 13.

A Boulogne.

(*C*)

Tablier en languette, découpé en deux fegmens divergens.

» Feuilles écailleufes.

7. Nidoifel. *Nidus avis.*

A S. Maur.

ELBORINE.

Tablier court, crenelé, pendant. Spates vagues.

» Feuilles affez grandes, le long des tiges.

1. Elborine commune, à feuilles larges, fpates longues, fleurs purpurines, droites. *Helleborine.* Viv.

Au Calvaire.

* Feuilles étroites, fpates courtes.

2. Elborine candide, à fleurs blanches. *Helleborine.* Viv.

A S. Cloud.

* Fleurs blanc-fale.

SECTION

SECTION IV.

A reconfronter.

ORDRE PREMIER.

Arbres.

ORME.

† Fleurs incompletes à calice coloré intérieurement.

‡ Fruit : capsule feuillée , en cœur , contenant une petite amande.

❋ „ Les fleurs viennent par pelotons , & précedent les feuilles.

❋ 1. Orme commun, à feuilles iné-gales, dentées en scie, à double rang. *Ulmus.*

❋ ❋ Feuilles étroites.

❋ ❋ Feuilles lisses.

❋ ❋ Ipréau, à feuilles très larges & rudes.

❋ 2. Orme nain, à écorce fongueuse , feuilles rudes & étroites. *Ulmus,*

Tome II.   P

MICOCOULIER.

Fleurs incompletes, de deux sortes :
mâles & hermaphrodites sur le même
individu.

Les fleurs hermaphrodites renfer-
ment l'embrion.

Fruit peu charnu, rond, renfermant
un noyau.

1. Micocoulier, à fruit noirâtre,
feuilles élancées, ovales. *Celtis.*

MURIER.

Deux sortes de fleurs : mâles & femelles.

Fleur mâle :

Calice découpé en quatre.

Fleurs femeles en boulon.

Calice de quatre feuilles, persistant.

Ce calice devient charnu & succu-
lent, & renferme une semence.

1. Mûrier noir, à feuilles rudes, en
cœur. *Morus nigra.* Viv.

2. Mûrier blanc, à feuilles lisses
en cœur, obliques. *Morus alba.* Viv.

LAURÉOLE.

Fleur incomplete, unipétale.

Fruit : baie contenant une seule femence.

1. Lauréole toujours verte, à fleurs
vertes, en bouquet, axillaires, feuilles
élancées, lisses. *Thymelæa.*

2. Lauréole-Boisgenti, à fleurs rouges, trois à trois, assifes ; feuilles ova-
es, élancées, peu durables. *Thymelæa.*

GUY.

Fleurs trois à trois, incomplettes , à
calice sans pétales.

Deux individus : l'un mâle , & l'autre femele.

Fruit : baie en perle , contenant une
semence gluante, fort singuliere.

1. Guy, parasite , à tige qui se partage de deux en deux , feuilles élancées , obtuses. *Viscum.*

A Vincenne.

ORDRE SECOND.

Herbes.

BUTOME.

Fleurs en cimier, terminant.
Collerete de trois feuilletes.
Six pétales.
Neuf étamines, dont six extérieures.
Six capfules.

1. Butome. Jonc fleuri. *Butomus.*
Viv.

A S. Cloud.

TAMME.

Deux individus.
Mâle :
Calice découpé en fix, coloré, évafé.
Six étamines.
Femele :
Calice en cloche, découpé en fix, peu durable.

Baie liffe, oblongue, à trois loges.
Fleurs en épis axillaires.

» Tige grimpante, roulée de gau-
» che à droite.

» Feuilles alternes, affifes.

1. Tamme vulgaire. Racine vierge.
Sceau de Notre-Dame, à feuilles en
cœur, petite fleur jaune pâle. *Tam-
nus*. Viv.

A Meudon.

PATIENCE.

Fleur hermaphrodite.

Calice de fix feuilles, dont les trois
intérieures peuvent fe prendre pour
des pétales.

Semences triangulaires, auxquelles
le calice fert d'envelope.

(*A*)

1. Patience frifée, à feuilles ondées,
terminées en pointe, envelope de la
femence entière, chargée d'un grain.
Lapathum.

A Arcueil.

2. Patience fauvage, à feuilles obtu-

ſes, un peu friſées, envelope des ſemences dentelée, chargée d'un petit
grain. *Lapathum*. Viv.

A Arcueil.

* Patience aiguë. Patience ſauvage des
Pariſiens, à feuilles plates, terminées
en pointe, envelope de la ſemence
dentelée, & chargée d'un petit grain.
Lapathum. Viv.

* Patience violon, à feuilles ondées & échancrées en violon, enve-
lopes de la ſemence dentelées. *Lapathum*. Viv.

A Boulogne.

3. Patience flave, à feuilles très
étroites & pointues, étamines jauniſ-
ſantes, enveloppe de la ſemence dentelée, & chargée d'un grain. *Lapathum*.

A Bondy.

4. Patience minime. *Lapathum*.

A Vincenne.

5. Patience potagere, à feuilles oblongues, en cœur, une ſeule envelo-

ope de la semence chargée d'un grain.
Lapathum. Viv.

6. Patience aquatique, à enveloppes de la semence entieres, nues, feuilles très grandes, en cœur, pointues. *Lapathum*. Viv.

A Meudon.

(*B*)

Fleurs de différens sexes, tantôt sur le même pied, tantôt sur des pieds séparés.

» Goût aigrelet.

9. Oseille. Surelle, à feuilles oblongues, en fer de fléche : deux individus. *Acetosa*. Viv.

* Feuilles frisées.

* fleuilles velues.

A Fontainebleau.

* Fleur blanche.

10. Oseille. Vinette, à feuilles élancées, en fer de pique : deux individus. *Acetosa*. Viv.

* Feuilles fort découpées.

A Fontainebleau.

P iv

* Tige droite.
* Rampante.
A Boulogne.

PARONIQUE.

Calice de cinq feuilletes un peu colorées, persistant.

Embrion dans la fleur.

Capsule simple, à cinq pannéaux,
recouverte par le calice.

1. Paronique verticillée, à fleurs
nues, tige couchée. *Paronychia.* Pl.
15. f. 1.

A S. Léger.

CHANVRE.

Deux individus.

Fleur mâle : calice découpé en cinq
feuilletes.

Cinq étamines.

Fleur femelle : calice fendu en long,
persistant.

Coque presque ronde, à deux pan-

neaux, recouverte par le calice, & adhérente à la femence.

» Feuilles oppofées, & découpées en
» main ouverte.

1. Chanvre. *Cannabis*. Ann.

HOUBLON.

Deux individus, de fexe différent.

Mâle : calice de cinq feuilletes en
cueilleron.

Cinq étamines.

Femelle : calice en plateau qui fe
referme fur la femence.

Fleurs en tête écailleufe.

Collerete de quatre feuilletes, commune à huit fleurs.

Autre collerete qui envelope tout le
peloton de fleurs.

1. Houblon. *Lupulus*.

A Marcoufly.

N. B. Les Houblonieres agitées par
le vent font entendre un cliquetis élec-
trique.

ARROCHE

Deux ou trois fortes de fleurs fur le même pied.

Hermaphrodites :

Calice de cinq feuilletes, perfiftant.
Cinq étamines.

Semence renfermée dans le calice, qui s'aplatit en livre fermé.

Femeles : calice de deux feuilles.

Semence, comme aux hermaphrodi-tes.

Quelquefois des fleurs mâles.

1. Arroche pique, à capfules vivrées, feuilles en fer de pique. *Atriplex*. Ann.

2. Arroche étalée, à capfules dentées, feuilles élancées, tige couchée. *Atriplex*. Ann.

* Feuilles très longues & très étroi-tes, tige droite.

PATEDOUE.

Calice à cinq feuilletes en étoile, avec des appendices membraneufes;

Semence ronde, renfermée dans le calice même, à cinq angles.

1. Patedoue graineuse. Pate d'oye, à tige couchée, feuilles ovales, unies, cimes bifurquées, feuilles axillaires. *Chenopodium*. Ann.

A Fontenay-aux-Roses.

2. Patedoue vulgaire, à feuilles triangulaires, ovales, unies, fleurs en grelot, axillaires. *Chenopodium*. Ann.

2. Patedoue bleuâtre, à feuilles ovales, oblongues, chantournées, fleurs en grapillons nus. *Chenopodium*. Ann.

A la Gare.

4. Patedoue blanche, à feuilles ovales, pointues, & comme rongées, blanchâtres, fleurs en grape terminante. *Chenopodium*. Ann.

5. Patedoue rouge, à feuilles presque triangulaires, échancrées en cœur, dentées, tige droite, fleurs en grape feuillée. *Chenopodium*. Ann.

A Ruel.

6. Patedoue verte, à feuilles ondées,

un peu dentées , farineuses en dessous, fleurs en grape branchue. *Chenopodium.* Ann. Pl. 7. f. 1.

7. Patedoue botride , à feuilles élancées, ondées , dentées , fleurs en épi. *Chenopodium.*

Près des eaux.

8. Patedoue des murs , à tige droite, branchue , feuilles ovales , pointues , dentées , fleurs en longs épis serrés. *Chenopodium.*

A Seaux.

9. Patedoue des jardins, à tige droite, très branchue , feuilles triangulaires, dentées , lisses , fleurs en longs épis ramifiés , sans feuilles. *Chenopodium.* Ann.

10. Patedoue stramonete , à feuilles triangulaires , terminées en fer de pique , & chaque grande nervure terminée en pointe , fleurs en longues grapes fort ramifiées. *Chenopodium.* Ann.

A Argenteuil. Pl. 7. f. 2.

11. Patedoue Bonhenri , à feuilles

en fer de fleche, unies, épis compofés,
fans feuilles. *Chenopodium.* Viv.

POLIGNEME.

Calice de trois feuilletes, perfiftant.
Trois étamines.
Semence revêtue d'une membrane
très fine.

1. Poligneme, à fleurs folitaires,
axillaires, affifes, feuilles en alenes,
pointues. *Chenopodium.* Ann.

ORTIE.

Deux fortes de fleurs : mâle & fe-
mele.
Fleur mâle :
Calice de quatre feuilletes.
Petit nectaire.
Quatre étamines.
Fleur femele :
Calice ovale, à deux panneaux, per-
fiftant.
Piftil fans ftile.

Semence liſſe, recouverte du calice.

» Soies piquantes, en grand nombre.

» Feuilles oppoſées.

(*A*)

Fleurs disjointes.

1. Ortie majeure, à fleurs en grape, ſur deux individus différens, feuilles en cœur. *Urtica.* Viv.

* Tige rougeâtre.

* Feuilles en trefle.

* Feuilles pannachées de jaune.

(*B*)

Fleurs conjointes.

2. Ortie grieche, petite, à fleurs en grape, toutes ſur un même individu, feuilles ovales. *Urtica.* Ann.

3. Ortie Romaine. Ortie piluliere, à fruits en bouletes, feuilles ovales, dentées en ſcie. *Urtica.* Ann.

EPIDEAU.

Calice peu durable, de quatre feuilles en croix, à onglets.

Quatre femences, à nud.

» Fleurs en épis axillaires.

1. Epideau flotant, à feuilles oblongues, nageantes, ovales, à queue. *Potamogeton*. Viv.

A Meudon.

2. Epideau percefeuillet, à feuilles
luifantes, en cœur, embraffantes. *Potamogeton*. Viv.

3. Epideau luifant, à feuilles luifantes, élancées, pointues, fans queue
diftincte. *Potamogeton*. Viv.

4. Epideau à fcie, tige branchue,
feuilles oppofées, élancées, dentées
en fcie. *Potamogeton*.

A Malnoue.

5. Epideau foyeux, à feuilles oppofées, élancées, pointues. *Potamogeton*.

6. Epideau frifé. Laitue des grenouil-
les, à feuilles alternes, élancées, on-
doyantes. *Potamogeton*.

7. Epideau - tige plate, à feuilles en
lacet, obtufes, épi court. *Potamogeton*.

8. Epideau à peigne, branchu, feuilles alternes, longues, étroites, pointues,
paralleles, fur deux rangs fort ferrés.
Potamogeton.

A Verfailles.

9. Epideau nain, à tige ronde, baffe,
feuilles en lacet, de loin à loin. *Potamogeton.* Pl. 32. f. 4, 5. Ann.

FUMETERRE.

Calice, ou corolle quafi papillonée,
de quatre pétales inégaux.

Etamines : deux filamens, deux anteres, & quatre demi-anteres.

Silicule ronde, fermée, fimple.

» Grande feuille florale.

2. Fumeterre bulbeufe, à tige très
fimple, racine en bulbe, creufe. *Fumaria.*

VOLANDEAU.

Ordinairement deux fortes de fleurs
fur le même pied, les mâles au-deffus
des femelles.

Calice de quatre feuilletes , une petite & deux moyennes.

Huit étamines longues, flasques,

Quatre piſtils, ſans ſtiles.

Quatre ſemences à coque.

» Feuilles découpées en plumes cilin-
» driques , & verticillées , quatre à
» cinq par étages.

1. Volandeau verticillé , à fleurs aux nœuds des feuilles. *Myriophyllum.* Viv.

2. Volandeauà épi , fleurs en épi en-trecoupé. *Myriophyllum.* Viv.,

B L E T T E.

Deux ſortes de fleurs ſur le même pied.

Calice un peu coloré, perſiſtant, de trois feuilles ſeches.

Capſule ſimple , colorée, à trois becs, qui s'ouvre à ſa maturité en boëte à ſa-vonete.

Semence unique.

1. Blete vulgaire, à tige étalée, feuilles ovales, ébrechées. *Blitum.* An.

2. Blete verdâtre, à tige ferme, feuilles ovales. *Blitum.* Ann.

R U B A N D E A U.

Fleurs en tête, de deux sortes, les mâles au-dessus des femeles.

Calice de trois feuilles étroites, peu durable.

Fruit sec, en toupie, renfermant un noyau ovalaire, anguleux.

1. Rubandeau, à tige simple, feuilles droites. *Sparganium.* Viv.

A Gentilly.

* Tige branchue.

C A L L I T R C.

Deux sortes de fleurs sur le même individu.

Deux pétales opposés.
Une étamine.
Deux pistils.

Capsule plate, à deux loges, à quatre pans arrondis, creusée en sa circonférence, comme une poulie.

(*A*)

1. Callitric du printems, à deux feuilles opposées, celles d'en haut ovales. *Stellaria.*

(*B*)

Deux étamines.
Deux Stigmates, sans style.
2. Callitric d'automne, à feuilles charnues, oblongues. *Stellaria.*

* Feuilles en lacet, à pointe fourchue.

* Feuilles très fines.

C H A R A G N E.

Calice de deux feuilletes.
Une étamine, sans filament.
Semence ovale, oblongue.
» Feuilles huit à huit à chaque nœud.
1. Charagne vulgaire, puante. Luf-

tre d'eau, à tige liſſe, feuilles dentées en-deſſous. *Hippuris.*

A Villetaneuſe.

1. Charagne cotoneuſe, à tige garnie de pointes ovalaires. *Hippuris.* Ann.

* Feuilles croquantes ſous la dent.
A Meudon.

3. Charagne hériſſée, à tige couverte de piquans fins. *Hippuris.*

A Malnoue.

4. Charagne luiſante, à longues feuilles ſimples. *Hippuris.*

A Saint Leger.

* Feuilles très courtes, & fines comme des ſoies.

CORNIFLE.

Deux ſortes de feuilles ſur le même pied.

Calice découpé en huit à dix ſegmens.

Embrion dans la fleur.

Noyau ovalaire.

» Feuilles en rayons autour des tiges.

1. Cornifle rude. Hydre cornu, à feuilles armées de quatre cornes. *Cera-tophyllum.*

2. Cornifle lisse, à feuilles armées de huit cornes. *Ceratophyllum.*

PERCHEPIER.

Calice découpé en huit segmens, grands & petits alternativement.

Quatre étamines posées sur le bord du calice.

Deux semences dans le calice refer-mé.

1. Perchepier. *Alchimilla.* Ann.

TURQUETTE.

Calice partagé en cinq, coloré in-térieurement, persistant.

Cinq étamines vraies, & cinq filets pointus.

Petite capsule simple, à couvert au fond du calice.

1. Turquette lisse. *Herniaria*. Ann.
* Velue.

Au Bois de Boulogne.

G N A V E L E.

Calice tubulé, à demi découpé en cinq segmens pointus, persistant, resserré au collet.

Dix petites étamines, posées sur la bordure du calice.

Capsule ovale, très mince, au fond du calice.

Deux semences.

» Fleurs en bouquets.

1. Gnavele vivace, à feuilles longues & étroites, grande fleur, capsule fermée. *Alchimilla*. Pl. 1. f. 5. Viv.

A Chantilly.

2. Gnavele annuelle, à capsule entrouverte, tige couchée. *Alchimilla*. An.
* Tige droite.

TÉSION.

Calice persistant, découpé en cinq, coloré intérieurement.

Embrion adhérent à la base du calice.

Cinq étamines posées sur le calice, à l'origine de ses découpures.

Capsule provenante du calice.

Semence unique.

1. Tésion, à feuilles en lacet, élancées, fleurs en pannicule feuillée. *Alchimilla.* Viv.

* Fleur jaunâtre.

A Vincenne.

PERSICAIRE.

Calice coloré intérieurement, découpé en cinq segmens.

Embrion dans la fleur.

Le calice sert d'énveloppe à la semence.

» Fleurs en épi,

» Tige branchue.

» Feuilles alternes , unies , garnies à

» leur base d'un collier enfilé par la tige.

(A)

1. Persicaire douce , à six étamines, deux styles , épis oblongs, feuilles élancées, stipules à cils , fleur rouge , saveur douce. *Persicaria.* Ann.

   * Fleur blanche.

   * Feuilles tachetées , en croissant.

   * Feuilles émoussées , cotoneuses en-dessous.

   A Palaiseau.

   * Feuilles très étroites, collier hérissé de cils, peu d'épis entrecoupés.

   A Saint-Cloud.

   * Petite.

2. Persicaire âcre. Poivreau. Curage, à six étamines, style fourchu, feuilles élancées. *Persicaria.* Ann.

   A Saint-Cloud.

3. Persicaire amphibie , à feuilles oblongues, cinq étamines, style fourchu. ***Persicaria.***

4. Persicaire

4. Perſicaire majeure, à haute tige, cinq étamines, ſtyle fourchu, fleur rouge. *Perſicaria.*

A Montmorency.

(*B*)

Semence en pyramide triangulaire.

» Fleurs en bouquets, ou fauſſes ombelles.

» Feuilles à queue, & à oreilletes.

5. Sarraſin. Blé noir, à tige droite, feuilles en pique, fleur blanche. *Fago-pyrum.* Ann.

* Fleur rougeâtre.

6. Sarraſin des buiſſons, à tige grimpante, tortillée, feuilles en cœur, ſemences à deux ailerons. *Fagopyrum.* Ann.

Au Bois de Boulogne.

R E N O U Ê E.

Calice découpé en cinq.

Embrion dans la fleur.

Semence en toupie triangulaire, à

laquelle le calice sert d'enveloppe.

» Fleurs axillaires.

» Pellicules seches à la base des

» feuilles.

1. Renouée rampante, à feuilles élancées, fleurs axillaires, rougeâtres, huit étamines. *Polygonum*. Ann.

* Fleur blanche.

* Feuilles étroites, oblongues.

A Grenelle.

* Petites feuilles.

ISNARD.

Calice en cloche, à demi découpé en quatre lanieres, épanouies.

Fruit renfermé dans le calice, qui forme quatre loges.

1. Isnard. *Isnardia.*

STELLÉRE.

Fleur incomplete, unipétale, en entonnoir, dont le haut est découpé en croix.

Semence unique, en bec d'oiseau.

1. Stellére-passerine, à feuilles en lacet. *Thymelæa.* Viv.

A Livry.

PARIETAIRE.

Fleuretes trois à trois : femele entre deux hermaphrodites.

Collerete commune, de six feuilles, quatre & deux.

Calice découpé en quatre.

Quatre étamines.

Semence renfermée dans le calice.

1. Pariétaire officinale, à feuilles alternes, ovales, élancées. *Parietaria.* Viv.

* Tige assez droite, feuilles ovales.

A Arcueil.

ASARET.

Calice coriace, en clochette, découpé à son bord en trois, coloré, persistant.

Douze étamines.

Embrion dans la fleur, où il est adhérent.

Capsule coriace, à six loges environ.

1. Afaret-oreille. Cabaret, à feuilles échancrées en cœur à l'insertion de leur queue. *Asarum.*

A Saint Maur.

MERCURIALE.

Deux individus.

Calice découpé en trois feuilletes.

Fruit composé d'une double capsule.

» Fleurs mâles en épis.

» Fleurs femelles axillaires.

» Feuilles opposées.

1. Mercuriale. Foirole, à tige branchue, feuilles lisses. *Mercurialis.* Ann.

2. Mercuriale vivace, à tige simple, feuilles rudes. *Mercurialis.* Viv.

A Vincenne.

NAYADE.

Deux individus :

Mâle : calice découpé en deux lanieres rabatues.

Une étamine.

Femelle : sans corolle, ni calice.

Un piftil à deux ftigmates.

Capfule ovale, fimple.

N. B. L'antere à maturité s'ouvre
en quatre fegmens, qui fe rabatent &
fe roulent de maniere qu'on les prendroit pour une vraie corolle.

1. Nayade, à feuilles dentées. *Flu-
vialis.*

A Seve.

* Difcipline, à feuilles épineufes.

ARISTOLOCHE.

Pétale en tuyau, finiffant en fer de
truelle.

Six étamines, affifes fous les ftigmates.

Embrion sous la fleur.

Capsule à six loges.

1. Aristoloche - Clematite, à tige droite, feuilles en cœur, fleurs en toupet, axillaires. *Aristolochia*. Viv.

A Longchamp.

LENTICULE.

Deux sortes de fleurs très petites: male & femelle.

Calice simple.

Deux étamines.

Capsule simple, ronde, terminée en pointe.

» Feuilles en forme de lentilles,
» flotantes.

1.Lenticule vulgaire. Lentille d'eau, ayant ses deux faces semblables, une seule racine. *Lenticula*.

A Bondy.

2. Lentille polirize, ayant ses deux

faces semblables , & plusieurs racines.
Lenticula.

3. Lenticule sillonée. Lenticulaire ,
à queue à trois branches. *Lenticula.*

CLASSE IV.

SECTION PREMIERE.

Fleurs à spates.

A R O M.

Spate, ou faux calice, en cornet, coloré intérieurement.

Embrion dans la fleur, sur une espece de poinçon.

Une soixantaine d'étamines attachées autour du poinçon, au-dessus des germes.

Le tout surmonté d'une espece de pilon coloré.

Fruit composé d'une cinquantaine de baies rondes.

» Le pilon, le calice, les feuilles,
» tout se flétrit & tombe, hors le poin-
» çon nud, sur lequel les baies mû-
» rissent.

1. Arom. Gouet. Pied de veau, à feuilles en fer de pique, très unies, sans tige. *Arum.* Viv.

A Clagny.

* Feuilles tachetées de noir.

A Charonne.

* Feuilles tachetées de blanc.

A Fecamp.

SECTION II.

Famille des Cedrines.

GENEVRIER.

Fleurs de deux sortes, sur deux individus.

Fruit: baie à ombilic, & à trois dents, formée de trois écailles devenues charnues, & renfermant trois osselets.

1. Genevrier commun, à feuilles trois à trois, durables, simples, piquantes, & sans queue. *Juniperus.*

A Meudon.

I F.

Deux individus : l'un à fleurs mâles, & l'autre à fleurs femelles.

Fruit : demie-baie, peu durable, où est enchaffé un petit gland.

1. IF, à baie, ou fruit fucculent, rouge, feuilles durables, ferrées. *Taxus.*

P I N.

Fleurs mâles & femelles fur le même individu.

Fruit : toupie écailleufe, dure, dont chaque écaille couvre deux noyaux ai-lés.

(*A*)

1. Pin fylveftre, à feuilles durables, liffes, étroites, couplées, fortant d'une gaîne membraneufe *Pinus.*

A Saint-Maur.

(*B*)

» Feuilles une à une.

2. Sapin-epicia. Pece, à fruit renverfé

& pendant, feuilles durables, en alene. *Abies*.

A Saint Cloud.

CIPRÉS.

Fleurs mâles & femelles sur le même individu.

Fruit : toupie écailleuse, dont chaque écaille cache plusieurs semences anguleuses.

1. Ciprès toujours verd, à feuilles écailleuses, embriquées, feuillage quarré, rameaux épars. *Cypressus*.

* Rameaux rassemblés en pyramide.

SECTION III.

Famille des Amentacées.

PEUPLIER.

Fleurs en chaton.

Deux individus, l'un mâle & l'autre femelle.

Fruit : capsule en poire, à deux loges, dont les panneaux se roulent, & contenant plusieurs semences aigretées.

1. Peuplier noir, à feuilles en lozange, dentées en scie. *Populus.*

2. Peuplier blanc, à feuilles anguleuses, dentées, cotoneuses en dessous. *Populus.*

* Feuilles petites.

3. Peuplier-tremble, à feuilles lisses, gaudronées, avec deux angles à leur base. *Populus.*

A Meudon.

SAULE.

Fleurs en chaton.
Deux individus.
Fruit : capsule ovale, pointue, qui s'ouvre de haut en bas, & dont les panneaux se roulent.

Quantité de semences menues, couronnées d'une aigrette simple, hérissée.

1. Saule blanc, à sions cassans, feuil-

les élancées, pointues, dentées en scie, soyeuses, avec des glandes sur les dents d'en-bas. *Salix.*

* Saule jaunâtre, à feuilles crenelées.

2. Saule pelé, à feuilles lisses, élancées en scie fine, à queue, avec des stipules en lozange. *Salix.*.

Le tronc se dépouille lui-même de son écorce.

3. Saule. Osier, à sions grêles, feuilles élancées, longues & étroites, crenelées aux bords, soyeuses en dessous. *Salix.*

A Charenton.

* Saule rougeâtre.

A Auteuil.

* Saule rouge-brun, à feuilles toutes vertes.

4. Saule marceau, à feuilles ovales, ridées, cotoneuses, ondées & dentées. *Salix.*

A Versailles.

5. Saule-Helice, à feuilles lisses, opposées, bleuâtres, étroites, élancées, dentées en scie. *Salix.*

Dans les Isles de la Marne.

6. Saule traçant, à feuilles très unies, ovales, élancées, cotoneuses en des-sous, stipules ovales, pointues. *Salix.* Viv. Arbr.

A Planet.

7. Saule argentin, à feuilles ovales, très unies, soyeuses en dessous. *Salix.*

A Versailles.

N. B. Ce dernier n'est peut - être qu'une varieté de quelqu'un des précé-dents. On peut dire en général qu'on est peu assuré de la constance de toutes ces especes de Saule.

C H A T A I G N E R.

Fleurs en chatons, de deux sortes sur le même individu.

Fruit : capsule hérissonnée, contenant deux à six chataignes, ou glands conca-ves d'un côté, aplatis de l'autre.

1. Chataigner commun, à feuilles oblongues, dentées en dents de scie, pointues. *Castanea.*

HÊTRE.

Deux fortes de fleurs fur le même individu, fleurs mâles en chatons, femelles en pelotons.

Fruit, capfule hériffée de pointes mouffes, contenant deux fênes, ou glands en pyramides triangulaires.

1. Hêtre commun, à feuilles ovales. *Fagus.*

CHÊNE.

Fleurs de deux fortes fur le même individu.

Mâles en chatons.

Fruit : calote, fervant de fouscoupe à un gland oblong, à bafe pelée.

1. Chêne-roure, à feuilles peu durables, découpées affez profondement. *Quercus.*

* Feuilles larges.
* Long pédicule.
* Gland très gros.
* Feuilles cotoneufes.

A Vincenne.
* Cupule hériſſonnée.
A Montigny.

COUDRIER.

Fleurs de deux ſortes ſur le même individu, les mâles en chaton, les femeles par petits groupes.

Fruit: demi-capſule , ou cornet ſdé-
coupé, d'où s'éleve un noyau , à baſe
gratée, contenant une, ou pluſieurs
amandes.

» Les fleurs précedent les feuilles.

1. Coudrier. Noiſetier, à feuilles larges, dentées, ſtipules ovales , obtuſes.
Corylus.

CHARME.

Fleurs en chatons écailleux : mâles
& femelles ſur le même individu.

Fruit : toupie à noyaux ovales , anguleux, blottis ſous la baſe des écailles
groſſies & hériſſées de cils.

1. Charme commun , à écailles du
fruit feuillées, plates. *Carpinus.*

BOULEAU.

Fleurs en chatons, de deux sortes sur le même individu.

Fruit : toupie courte.

Semences taillées en trefle, à couvert sous les écailles des chatons.

(*A*)

1. Bouleau blanc, à feuilles larges, pointues, surdentées, à longue queue, rameaux droits. *Betula.*

* Rameaux pendans.

(*B*)

Semences aplaties, anguleuses.

2. Aune gluant, à feuilles arrondies, poissées. *Alnus.*

NOYER.

Fleur de deux sortes sur le même individu.

Fleurs mâles en chatons.

Fleurs femelles, deux ou trois ensemble.

Fruit : prunete à coque épaiſſe, ou écale, adhérente au noyau (ou noix) où eſt renfermée une groſſe amande raboteuſe, profondement découpée en quatre lobes.

» Feuilles ailées.

1. Noyer Royal, à feuilletes ovales, liſſes. *Nux juglans.*

* Fruit très dur.

* Fruit tendre, & coque caſſante.

* Fruit très gros.

P I M E N T.

Deux individus : l'un mâle, & l'autre femelle.

Fleurs en chatons.

Fruit : baie feche, ou coque, renfermant une feule femence.

1. Piment Royal, à feuilles élancées, légerement dentées en ſcie. *Gale.*

A Saint-Leger.

SECTION IV.

Famille des Graminées.

PREMIERE LIGNÉE.

Ciperotes.

SOUCHET.

Calice en épi, formé de deux rangs d'écailles embriquées.

Semences triangulaires.

» Tige triangulaire, terminée par
» quelques feuilles difposées en rond,
» du centre defquelles s'élevent de pe-
» tites branches chargées d'épis apla-
» tis, à deux rangs de fleurs herma-
» phrodites.

(*A*)

1 Souchet officinal, odorant, long, à chaume feuillé, panicule feuillée, fort ramifiée, pédicules nuds, épis alternes. *Cyperus.* Viv.

A Gentilly.

2. Souchet jaunâtre, à chaume nud, ombelle à trois feuilletes, pédicules simples, inégaux, épis drus, élancées. *Cyperus.*

* Noirâtre, à épis maigres.

A Montmorency.

(B)

Epi rond, ou oblong.
- Semences velues.
» Chaume triangulaire.

3. Souchirpe des bois, à chaume feuillé, pannicule feuillée, pédicules nuds, fort ramifiés, épis drus. *Cyperus.* Viv.

A Palaiseau.

4. Souchirpe des marais, à pannicule en boulete, feuillée, épis drus, écailles fendues en trois segmens, celui du milieu en alene. *Cyperus.* Viv.

A Ruelle.

CARET.

Fleurs en épis, de deux fortes.

Les épis mâles au-deffus des épis femelles.

Calice écailleux, embriqué, perfiftant.

Trois étamines.

Nectaire perfiftant.

Fruit triangulaire, niché dans le nectaire agrandi.

1. Caret aigu, à épis roux, mâles en quantité, femelles prefque fans queue, têtes obtufes. *Cyperoïdes*. Viv.

* Epi jaune foncé.

2. Caret. Faux - fouchet, à épis courts, pendans, tous femelles, excepté un qui eft androgin, & mâle par en bas. *Cyperoïdes*.

A Ruelle.

* Epis longs.

3. Caret velu, à épis droits, ecartés, trois mâles & deux femelles, cap-

fules hériffées de poils. *Cyperoïdes.*
Viv.

A Arcueil.

4. Caret à veffies, plufieurs épis mâles, épis femelles à queue, capfules
feminales bourfouflées, pointues. *Cyperoïdes.*

A Gentilly.

* Epis longs.

* Epis jaunâtres.

* Epis grêles.

5. Caret panifé, à épis droits, écartés, à queue, épis mâles grêles, épis
femeles renflés, capfules arrondies. *Cyperoïdes.*

A Montmorency.

6. Caret efpacé, à bracteole en gaine, épis fort écartés, prefque fans
queue, capfules pointues. *Cyperoïdes.*

A Montmorency.

7. Caret geroflé, à feuilles très étroites, trois épis, un mâle & deux femelles, dont l'inférieur fort de l'aiffelle
d'une feuille. *Cyperoïdes.* Viv.

8. Caret blond, à épis drus presque sans queue, épis mâles grêles, épis femelles rondelets, capsules crochues. *Cyperoïdes.* Viv.

A Versailles.

9. Caret à pilules, chaume terminé par des épis ronds & serrés, dont un seul mâle, oblong. *Cyperoïdes.*

10. Caret pâle, à chaume terminé par trois épis pendillans, un mâle & deux femelles, capsules obtuses ; les épis femelles embriqués, ovales. *Cype-roïdes.* Viv.

11. Caret à éventail, épis grêles, droits ; épi mâle plus court & plus bas, bractéole sans feuilles, capsules écartées. *Cyperoïdes.* Viv.

12. Caret bizarre, à épis tous cylindriques, dont les plus grands sont entre les femelles les plus bas, & entre les mâles les plus hauts. *Cyperoïdes.*

13. Caret-collinet, à feuilles étroites, capsules velues. *Gramen.*

A Montmorency.

C A R E C H E,

Fleurs mâles & femelles pêle-mêle fur le même épi, ou la même tête.

Calice écailleux.

Fruit triangulaire.

1. Careche axillaire, à longues bractéoles, épillets efpacés, ovales, axillaires, aflis, fleuretes androgines. *Scirpoïdes.* Viv.

A Creffy.

2. Careche de lievre, à epillets aflis, mollets, ovales, peu écartés, alternes, fleuretes androgines. *Scirpoïdes.*

* Elégante.

3. Careche de renard, à chaume triangulaire, épi furcompofé, épillets androgins, ovales, aflis, en peloton, épillets mâles au-deflus. *Scirpoïdes.*

4. Careche blanchâtre, à épillets androgins, aculés, écartés, arondis, obtus, capfules ovales. *Scirpoïdes.*

5. Careche aux puces, à épi fimple, androgin

ndrogin, mâle en-deſſus, capſules écar
ées & rabatues, tige & feuilles capil-
aires. *Scirpoïdes.* Viv.

A Meudon.

6. Careche piquante, à épillets an-
rogins, courts, aſſis, entrecoupés,
apſules à épines en chauſſetrapes. *Scir-
oïdes.* Viv.

7. Careche de Mont-Balon, à tige
iangulaire, épi compoſé, épillets mâles
u milieu, épillets androgins au-deſſus
t au-deſſous, deux ſtigmates velus.
cirpoïdes.

8. Careche à panicule, compoſée d'é-
illets lâches, androgins. *Scirpoïdes.*

<h3 style="text-align:center">S I R P E.</h3>

Fleurs en épis arrondis.
Calice écailleux.
Semences triangulaires, nichées dans
ne touffe de poils.
» Chaume rond.
» Point de feuilles.

Tome II.   R

1. Sirpe des étangs, à chaume nud, très haut, terminé par plusieurs épis à pédicules. *Scirpus.*

Dans la riviere des gobelins.

2. Sirpe soyeux, à chaume nud, très petit, peu d'épis assis, latéraux, en forme de tête courte. *Scirpus.*

3. Sirpe couché, à chaume nud, épis assis, en peloton au milieu du chaume. *Scirpus.*

4. Sirpe des marais, à chaume nud, terminé par un épi ovale. *Scirpus.*

* Epi rond, balles obtuses.

A Marcoussi.

5. Sirpe flotant, à tige feuillée, flasqué, chaumes nuds, grêles, alternes, terminés par des épis en petites têtes, deux sortes de fleurs, les mâles au-dessous des femelles. *Scirpus.*

A Montfort-l'Amaury.

6. Sirpe des gazons, à chaume nud, cannelé, terminé par un épi, à deux valves. *Scirpus.*

A Saint-Leger.

7. Sirpe épingle, à chaume nud, foyeux, terminé par un épi ovale à valves, femences nues. *Scirpus.*

CHOIN.

Balle commune, à deux valves, droite, perfiftante.

Calicet perfiftant, de fix feuilletes inégales, qu'on pourroit prendre pour des pétales.

Trois étamines.

Semences à trois cornes, peu apparentes, nichées dans la corolle.

1. Choin. Marifque, à chaume rond, feuilles armées de dents tranchantes à leurs bords & à leurs dos. *Scirpus.* Viv.

2. Choin noirâtre, à chaume rond, nud, fleurs en tête ovale, l'une des valves de la balle terminée en alene. *Gramen.* Viv.

A Montmorency.

3. Choin blanc, à chaume triangulaire, feuillé, feuilles en foies, fleurs

blanches, par paquets, bafe de la femence entourée de fept à huit filets
blancs. *Juncus.* Viv.

TIFE.

Fleuretes mâles au - deffus des femelles.

Calicets propres de trois feuilles
foyeufes.

Semences nichées dans une houpe de
poils.

„ Fleurs en minet très compacte, ou
„ maffe cilindrique, terminante.

„ Deux fpates peu durables.

1. Tife maffive, à groffe maffe, feuilles
plates, fleuretes mâles immédiatement
au-deffus des femelles. *Typha.* Viv.

A Meudon.

* A double maffe, avec intervalle entre les fleuretes mâles & femelles.

2. Tife mince, à màffe grêle, feuilles demi-cilindriques, fleuretes mâles
immédiatement au-deffus des femelles.
Typha. Viv.

A Meudon.

* Double maſſe , grêle , avec inter-valle entre les fleuretes mâles & femel-les.

LINAIGRETE.

Fleurs en panicules, ou en épis.

Calice écailleux , embriqué.

Trois étamines.

Semences triangulaires , plongées dans une aigrete de ſoies longues.

1. Linaigrete à panicule , chaume rond, feuilles plates , épis pendans. *Linagroſtis.* Viv.

* Petite panicule.

A Meudon.

2. Linaigrete à gaîne , chaume rond, épi raboteux. *Linagroſtis.* Viv.

A Saint-Leger.

SECONDE LIGNÉE.

Grames.

FROMENT..

Fleurs en épi compoſé de pluſieurs épillets.

R iij

Balle immédiate à deux valves inégales, quelquefois avec une arrête.

Stigmates à plumes.

Grain oblong, niché dans la balle sans
adhérence.

Balle recouvrante, commune à deux
ou trois fleurs, à deux valves égales.

(A)

1. Froment d'hiver, sans arrêtes apparentes, grains blancs, épillet de quatre fleuretes embriquées. *Triticum*. Bis.

  * Balles velues.

  * Epi & grains rougeâtres.

2. Froment d'été, à arrêtes rudes,
épillet de quatre fleuretes embriquées.
Triticum. Ann.

  * Epi & grains rouges, luisans.

  * Epi long, quarré, velu.

3. Froment d'été. Blé-trémois, à épi
lisse, & arrêtes. *Triticum*. Ann.

4. Froment renflé, à épi court, renflé, quarré, velu, de quatre fleuretes embriquées. *Triticum*. Ann.

  * Plusieurs épis.

(*B*)

.5. Chiendent officinal, à épillet de
quatre fleuretes pointues ; feuilles verdâtres , racine traçante. *Gramen.* Pl. 17.
f. 2. Viv.

* A arrêtes.

6. Chiendent jonchet , à épillet de
cinq fleuretes tronquées, feuilles étroites , roulées. *Gramen.*

A Seve.

* A arrêtes.

7. Chiendent délicat , à épillet de
quatre à cinq fleuretes, fans barbillons,
feuilles en foies. *Gramen.* Ann.

Y V R O I E.

Epi compofé de plufieurs épillets alternes , pofés de champ , de forte que
chaque dent de la rape détruit & fup-
plée à l'une des valves de la balle recouvrante.

1. Yvroie annuelle , à épi long , hériffé d'arrêtes , épillets aplatis. *Gramen.*

* Presque sans arrêtes.

2. Yvroie vivace. Raigraff, à épillets aplatis, fort garnis de fleuretes, sans arrêtes. *Gramen.* Pl. 17. f. 3. Bisann.

A Chaillot.

* Epillets de trois fleuretes.

SEGLE.

Epi composé de plusieurs épillets.

Balle immédiate à deux valves inégales, dont une est hérissée de cils, & terminée par une longue arrête.

Trois étamines pendillantes.

Grain niché sous la balle.

Epillet de deux ou trois fleurs, dont une sur pied entre deux assises.

Balle recouvrante commune, de deux feuilletes.

1. Segle de Cerès, à cils rudes. *Secale.* Ann.

ORGE.

Epi composé de plusieurs épillets.

Balle immédiate à deux valves inégales, dont l'une a une longue arrête.

Stiles repliés, velus.

Stigmates velus.

Grain gros, filloné, adhérent à la balle.

Epillet de trois fleurs affifes.

Collerete de fix pailletes.

1. Orge. Efcourgeon. Epeautre, à plufieurs rangs d'épillets, dont deux plus faillans, à arrêtes *Hordeum*. Ann.

2. Orge exaftique, à fix rangs égaux d'épillets, à arrêtes. *Hordeum*. Ann.

3. Orge diftique, à deux rangs d'é-pillets, fleuretes latérales de chaque épillet mâles, fans arrêtes, femences embriquées. *Hordeum*. Ann.

* Gros épis courts, grains nuds, fort drus.

4. Orge aux rats, à épillets à arrêtes, fleurs latérales de chaque épillet mâles, fans arrêtes, colleretes intermédiaires, hériffées de cils. *Gramen*. Ann.

* Arrêtes courtes. Pl. 17. f. 6.

A Palaifeau.

R v

E L I M E.

Fleurs en épi, à deux colonnes.
Balle immédiate à deux valves inégales, dont une à arrêtes.

Stiles écartés, hérissés de poils.

Grain grêle, recouvert de la balle.

Collerete de quatre feuilletes en alenes, commune à deux épillets.

1. Elime de chien, à épi serré &
penché; les épillets d'en bas deux à
deux, les épillets droits sans collerete.
Gramen. Viv.

A Saint-Maur.

N A R D E T.

Fleurs en épi.

Balle à deux valves inégales, terminées en pointe, l'une servant de foureau
à l'autre.

Stile unique, cotoneux.

Semence adhérente à la balle.

1. Nardet serré, à feuilles chevelues,
épi droit & fort grêle. *Gramen.*

A Versailles.

FLOUVE.

Epi cilindrique , jaunâtre.

Balle immédiate, à deux valves, ayant chacune une petite arrête au bas du dos.

Balles recouvrantes , à deux valves inégales.

Deux étamines.

Semence adhérente à sa balle.

1. Flouve odorante ; les fleuretes ont un petit pédicule. *Gramen.*

A Belleville.

STIP.

Fleurs en épi cilindrique.

Balle immédiate à deux valves, dont l'une porte une longue arrête articulée à son sommet.

Balle recouvrante à deux valves.

Stigmate cotoneux.

Semence adhérente à la balle.

1. Stip empenné , à arrêtes en barbe de plume. *Gramen.* Viv.

A Fontainebleau.

R vj

2. Stip chevelu, à arrêtes très longues & courbées. *Gramen*.

VULPIN.

Fleurs en épi cilindrique.

Balle immédiate à deux valves, dont une a une longue arrête insérée au bas de son dos.

Balle recouvrante à deux valves égales.

Deux longs stiles, à vrilles rebrouffées.

Semence nichée dans la balle.

1. Vulpin des prés, à chaume droit, épi ovale, balles velues. *Gramen*. Viv.

* Balles nues.

2. Vulpin aquatique, à chaume genouillé. *Gramen*. Viv.

3. Vulpin des champs, à épi grêle, en queue de rat, rougeâtre. *Gramen*.

* Verdâtre.

FLÉON.

Fleurs en maſſete, ou épi cilindrique.

Balle immédiate à deux valves inégales.

Balle recouvrante à deux valves égales, avec de petites arrêtes, repréſentant enſemble une fourchete, ou une paire de petites cornes.

Stigmates à plume.

Semence recouverte d'une double balle.

1. Fléon des prés, à épi très long, chaume droit. *Gramen*. Viv.

2. Fléon noueux, à chaume droit, épi cilindrique, dont le bas eſt ſtérile, racine bulbeuſe. *Gramen*.

EGILOPE.

Fleurs en épi ſimple.

Semence adhérente à l'une des valves.

Balle immédiate à deux valves iné-gales, dont l'une à deux ou trois arrêtes.

Balle recouvrante, commune à trois fleurs, à deux valves, ayant chacune trois arrêtes.

Deux sortes de fleurs : une mâle en-tre deux hermaphrodites.

1. Egilope ovale, à épi court. *Gramen*. Ann.

* Epi fort long. Pl. 17. f. 1.

Racle.

Epi simple.
Fleuretes à pédicules courts.
Stigmates en pinceau.
Balle immédiate à deux valves inéga-les.

Balle recouvrante à deux valves éga-les, hérissées de cils rudes.

Deux fleurs ensemble, dont l'une avorte.

1. Racle. *Gramen*.

CINOSURE.

Fleur en épi cilindrique.

Balle immédiate à deux valves, dont une à arrête.

Stiles repliés, velus.

Semence fort adhérente à sa base.

Balle recouvrante, commune, à deux valves égales.

Collerete incomplete, latérale, de trois feuilletes.

1. Cinosure cretelle, à collerete tailladée en lames, ou en dents de peigne. *Gramen*. Viv.

A Meudon.

1. Cinosure bleuâtre, à collerete simple. *Gramen*. Viv.

POULOTTE.

Fleurs en plusieurs épillets oblongs, velus à leur base, partant d'un même point, & écartés en forme de pied de poule.

Balle immédiate à deux valves inégales.

Stigmate à plume.

Semence adhérente à la balle.

Balle recouvrante, à deux valves principales, avec les restes d'une troisieme en arriere, provenante d'une fleur avortée.

1. Poulote officinale, à fleuretes une à une, racine traçante. *Gramen.*

A Saint Mandé.

B A R B O N.

Panicule étagée.

Epillets en doigts écartés.

Deux sortes de fleurs : mâle & hermafrodite.

Fleur hermaphrodite, assise.

Balle immédiate à deux valves inégales, dont l'une a une longue arrête courbée, tortillée.

Stigmates à plume.

Semence envelopée de balles, & armée de la longue arrête.

Fleur mâle fur pied, fans arrête.

Balle recouvrante à deux valves inégales.

1. Barbon-manne, à pédicules hériffés de poils. *Gramen.*

BRIZE.

Fleurs en panicule épillée.

Balle immédiate à deux valves, en
cueilleron, inégales.

Stigmates à plume.

Semence nichée dans fa balle.

Balle recouvrante à deux valves égales.

Epillet à deux rangs, en cœur, fur
pied.

1. Brize. Tremblin, à épillets ovales, de fept fleuretes, fur un pédicule
foyeux tremblotant. *Gramen.* Viv.

* Tremblin mineur, à épillets triangulaires. *Gramen.* Ann.

A Meudon.

2. Brize. Amourete, à épillets élancés,

très élegans, de vingt fleuretes. *Gramen.*
A Bercy.

PATURIN.

Panicule ramifiée, compofée de plufieurs épillets ovales, oblongs, à deux
rangs de fleuretes.

Balle immédiate à deux valves égales, à bords un peu rudes.

Stigmates velus.

Semence fort menue, adhérente à fa
balle.

Balle recouvrante commune, à deux
valves égales, pointues.

1. Paturin des prés, à chaume rond,
droit, panicule étalée, épillets liffes, à
trois & à cinq fleurs. *Gramen.* Viv.

Au Cours-la-Reine.

* Très grand.

2. Paturin fubulé, à chaume rond,
droit, feuilles en alenes, panicule étalée, épillets cotoneux de quatre fleurs.
Gramen. Viv.

A Verfailles.

* Chargé de petites éponges.

3. Paturin annuel, à chaume obli-que, aplati, panicule étalée, à angles droits, épillets obtus *Gramen*. Ann.

4. Paturin trivial, à chaume rond & droit, panicule demi-étalée, épillets cotoneux de trois à six fleurs. *Gramen*. Viv.

5. Paturin aplati, à chaume oblique, aplati, panicule resserrée, affectant un seul côté, épillet de trois à six fleure-tes. *Gramen*. Pl. 18. f. 5.

6 Paturin échaloté, ayant la base de son chaume en bulbe, panicule déliée, assez évasée, affectant un seul côté, épillet de quatre fleurs. *Gramen*. Pl. 17. f. 8.

A Boulogne.

* Panicule crépue, bulbeuse.

7. Paturin aquatique, à chaume très haut, panicule évasée, épillets fort dé-liés, de six fleurs. *Gramen*. Viv.

8. Paturin duret, à panicule élancée, dure, peu ramifiée, fleuretes alterna-

tivement tournées en devant. *Gramen.*
Pl. 18. f. 4. Ann.

9. Paturin des bois, à chaume courbé, panicule mince, peu d'épillets rudes, pointus, à deux fleuretes. *Gramen.*

A Versailles.

10. Paturin mignon, à panicule évasée, très délicate, pédicules plians, épillets de dix fleuretes, comme en scie. *Gramen.*

A Boulogne.

FETUQUE.

Fleurs en panicule, dont chaque rayon soutient plusieurs épillets oblongs, presque cilindriques.

Balle immédiate à deux valves inégales, dont une se termine en pointe.

Semence en fuseau, fillonée, fort adherente à la balle.

Balle recouvrante, commune, à deux valves inégales.

Epillets de plusieurs fleuretes, sur deux rangs.

1. Fétuque couchée, à panicule droi-
e, épillets ovalaires, balles longues,
ans arrêtes. *Gramen.*

A Seve.

2. Fétuque élevée, à panicule droite,
toute tournée du même fens, avec des
arrêtes fort courtes. *Gramen.* Viv.

A Saint-Maur. Juin.

3. Fétuque flottante. Manne de Pruf-
fe, à panicule droite, ramifiée, épillets
ronds, fans arrêtes, & prefque fans
pédicules. *Gramen.*

A Bondy.

4. Fétuque brebiete, à chaume
quarré, feuilles foyeufes, en petit nombre, panicule refferrée, affectant un
feul côté. *Gramen.* Viv.

5. Fétuque durete, à panicule oblongue, ramifiée par le bas, & inclinée
d'un feul côté, épillets liffes de fix fleuretes, feuilles en foies. *Gramen.*

Sur les quais. Juin.

6. Fétuque bromete, à panicule toute
tournée d'un feul côté, épillets liffes,

droits , arrête à l'une des pailletes.
Gramen.

A Montbauron.

7. Fétuque queue-de-rat , à pani
cule penchée, épillets très longs , balles
rudes , à longues arrêtes. *Gramen.*

8. Fétuque belvue , à balles barbues,
feuilles d'en-bas comme des crins ,
celles d'en-haut plus larges. *Gramen.*

A Meudon.

B R O M.

Fleurs en panicule épillée.

Epillets quafi cilindriques , à deux
rangs.

Balle immédiate à deux valves inégales, dont l'une eft fourchue, & pouffe
au-deffous de fa bifurcation une arrête
droite.

Stiles repliés, velus.

Semence fort adhérente à la balle.

Balle recouvrante, commune, à deux
valves inégales.

Epillet de plufieurs fleuretes.

1. Brom empenné, à tige simple, épillets ronds, lisses, presque sans pédicules, rangés alternativement, & tournant leur plat vers la rape. *Gramen*. Viv.

A Seve.

* Epillets velus.

A Saint-Cloud.

2. Brom-Averon, à panicule étalée, epillets oblongs sur deux rangs, balles à arrêtes en aléne. *Gramen*.

3. Brom rude, à panicule branlante, épillets ovales, arrêtes écartées. *Gramen*.

A Sataury.

* Epillets blanchâtres.

4. Brom gigantesque, à panicule branlante, rayons deux à deux, épillets de quatre fleuretes, arrêtes courtes. *Gramen*. Pl. 18. f. 1. Viv.

A Seve.

5. Brom seglin. Gros Montbelgard, à panicule évasée, épillets aplatis, ovales, arrêtes droites. *Gramen*. Ann.

6. Brom des champs, à panicule branlante, épillets aplatis, ovales,

oblongs. *Gramen*. Pl. 18. f. 3. Viv.

A Meudon.

7. Brom haridel, à panicule lâche, épillets maigres, barbillons fins, *Gramen*.

A Moulignon.

8. Brom velouté, à panicule ramaffée, épillets ovales, barbillons droits, *Gramen*.

9. Brom doublépi, à deux épillets droits, alternes. *Gramen*.

A Montmorency.

DACTILE.

Stiles velus.

Semence nichée dans la balle.

Balle immédiate à deux valves inégales.

Balle recouvrante à deux valves inégales, affectant un feul côté.

1. Dactile peloté, à panicule en gros peloton, affectant un feul côté. *Gramen*. Viv.

FALARI.

FALARI.

┤ Fleurs en épi bottelé.

┤ Balle immédiate à deux valves inégales , dont l'une se roule.

2 Stigmates velus.

2 Semence couverte d'une croute , formée par sa balle , qui se roule tout au
tour.

┤ Balle recouvrante à deux valves égales.

1. Falari. Alpiste , annuel, à épi bottelé , ovale , balles en gondole , semence blanche. *Phalaris.*

2. Falari massete, à épi botelé , cilindrique , rude. *Gramen.*

A Seve.

3. Falari ruban , à épi botelé , oblong,
renflé , feuilles en ruban uni. *Gramen.*

A Meudon.

PANI.

┤ Fleurs en épi bottelé , ou en panicule.

Tome II.   S

Balle immédiate, à deux valves inégales.

Stigmates à plume.

Semence adhérente à la balle.

Balle recouvrante à deux valves principales , & une troisieme très petite en
arriere, provenante d'une fleur avortée.

Collerete filamenteuse , formant un
chaton à claire voye.

1. Pani verd , à épi composé , & longues arrêtes. *Panicum.* Ann.

A Vaugirard.

* Moins rude.

* Mollet.

2. Pani cochet , à épis alternes &
conjugués , épillets subdivisés , balles à
arrêtes, rape à cinq angles. *Panicum.*

* Longues arrêtes.

3. Pani tardif, à épi lâche , en pyramide. *Panicum.*

4. Pani-manerbe , à épis grêles , en
main ouverte, avec un nœud à leur base
intérieurement, fleuretes deux à deux,

sans barbes, gaînes des feuilles pointillées. *Gramen.* Ann.

Dans les Jardins.

MILLET.

Fleurs en panicule étagée.

Balle immédiate, à deux valves inégales.

Stigmates en pinceau.

Grain lisse, en œuf, adhérent à sa
balle.

Balle recouvrante, à deux valves égales.

1. Millet blanc, officinal, à panicule lâche, flasque, fleur solitaire, sa
compagne avortant, gaîne des feuilles
duvetée. *Milium.*

* Jaune.

* Noir.

2. Millet. Milletot, à panicule éparpillée. *Gramen.* Viv.

A Meudon.

H O U Q U E.

Fleurs en panicule étagée , ou en grape.

Balle immédiate tendre , velue , à deux valves inégales , dont une a souvent une arrête longue & roide.

Stigmates en pinceau.

Semence adhérente à la balle intime.

Balle commune à deux fleurs , à deux valves roides , inégales.

Deux sortes de fleurs : mâle & hermafrodite.

1. Houque laineuse , à feuilles cotoneuses , balles velues , fleur mâle avec une arrête crochue. *Gramen.*

2. Houque mollete , à balles assez unies, fleur mâle avec une arrête noueuse. *Gramen.*

A Bondy.

A G R O S T I S.

Panicule étagée.
Fleuretes à pédicule.

Balle immédiate, à deux valves pointues , dont une a ordinairement une
arrête.

Piſtils velus.

Semence adhérente à ſa balle.

Balle recouvrante , à deux valves
égales.

1. Agroſtis-vilfa , à chaume court ,
traçant , ayant la gaîne de ſa derniere
feuille renflée , point d'arrête. *Gramen*.
Viv.

A Gentilly.

* Avec une houpe de feuilles en
tête.

2. Agroſtis chevelu , à panicule
évaſée, pédicules chevelus , epillets colorés , un peu velus ; point d'arrêtes.
Gramen.

A Arcueil.

3. Agroſtis rougeatre , à pannicule
en pyramide étagée , les premiers étages fort évaſés , l'arrête de la balle extérieure tortillée & recourbée. *Gramen*. Viv.

4. Agroftis écarté, ayant une arrête très longue, & droite, panicules rougeâtres. *Gramen.* Ann.

A Verfailles.

* Panicules verdâtres.

5. Agroftis mignon, à panicule très délicate, fleurs alternes, fans arrêtes. *Gramen.*

6. Agroftis interrompu, à panicule ferrée, entrecoupée, fines arrêtes. *Gramen.* Pl. 17. f. 4.

A Saint-Cyr.

ERBIN.

Fleurs en panicule.

Balle immédiaté, à deux valves, dont une fouvent terminée par une arrête,

Stigmates cotoneux.

Semence adhérente à fa balle.

Balle recouvrante commune, à deux valves.

Fleuretes deux à deux.

1. Erbin de gazon, à panicule éva-

fée, longue, balle velue, luisante, arrêtes courtes, feuilles plates. *Gramen.*

A Villejuif.

2. Erbin blanchâtre, à feuilles de jonc, très minces, la derniere en forme de spate envelopant l'épi, qui s'étale ensuite en panicule, arrêtes médiocres. *Gramen.* Ann.

3. Erbin-œilleton, à feuilles en soies, panicule éparpillée, de deux fleuretes l'une assise & l'autre en pied, arrête tortillée. *Gramen.* Ann.

4. Erbin à crête, pannicule rouge, glacée d'argent, épillets de trois fleuretes. *Gramen.*

A Meudon.

5. Erbin précoce, à feuilles en soies, gaine anguleuse, panicule épillée, lâche, blanchâtre, balles à arrêtes. *Gramen.* Ann.

6. Erbin fléchissant, à panicule peu garnie, pédicules pliés, peu de feuilles soyeuses. *Gramen.* Pl. 17. f. 5. Ann.

A Montmorency.

7. Erbin aquatique , rampant , à panicule évafée , fleurs liffes , fans arrêtes , de deux l'une en pied , l'autre
affife. *Gramen.* Pl. 17. f. 7. Viv.

8. Erbin. Canfe, à panicule ample ,
bleuâtre , fleurs à pédicules déliés ,
roulés en guife d'alenes , fans arrêtes ,
feuilles plates. *Gramen.* Viv.

A Meudon.

* Panicule ferrée.

A Bondy.

9. Erbin mignon. *Gramen.* Pl. 18. f. 6.

A Boulogne.

M E L I C.

Fleurs en panicule.

Balle immédiate, à deux valves inégales.

Stigmates velus.

Semence nichée dans fa balle.

Balle recouvrante commune , à deux
valves égales.

Fleuretes deux à deux , avec les
reftes d'une troifieme avortée.

1. Mélic brandillant , à pannicule suspendue sous le chaume. *Gramen.* Viv.

A Meudon.

AVOINE.

Fleurs à pédicules , en panicule étagée.

Balle immédiate à deux valves iné-gales , dont une est durete , renflée , coudée , & porte à son dos une arrête tortillée.

Styles réflechis , velus.

Grain fort adhérent à sa balle.

Balle recouvrante commune , à deux valves.

1. Avoine cultivée , à grains blancs lisses, deux à deux. *Avena.* Ann.

* Grains noirs.

2. Avoine follete , à arrêtes cro-chues, grains velus à leur base , fleurs trois à trois , panicule évasée. *Avena* Ann.

3. Avoine blonde , à fleurs trois à

trois , avec des arrêtes , panicule lâche, jaunâtre. *Gramen.*

* Panicule ferrée , mince.

A Bondy.

5. Avoine fromentale , à fleuretes deux à deux , mâle à arrête & hermafrodite fans arrête , panicule lâche. *Gramen.* Viv.

Au Cours la Reine.

5. Avoine argentée , à arrêtes crochues , épillets droits , de cinq fleuretes. *Gramen.*

* Fourchue. Pl. 18. f. 1.

A Vincenne.

6. Avoine cotonée , à panicules ferrées , prefqu'en épis , calice commun à trois fleuretes , velu , feuilles plates , cotoneufes. *Gramen.*

R o s e a u.

Fleurs en panicule.
Balle immédiate à deuxvalves,ayant une tremie de poils à fa bafe.

Stiles repliés, velus.

Semence adhérente à la balle.

Balle recouvrante, à deux valves.

1. Roseau fragmite, à panicule lâche, fleuretes cinq à cinq. *Arundo*. Viv.

2. Roseau branchu, à panicule mollette, blanche & lustrée, fleurs une à une. *Arundo*. Viv.

A Verrieres.

* Châtain.

SECTION VI.

Fleurs nues.

ORDRE PREMIER.

Arbres.

FRÊNE.

Fleurs nues, en grape.

Deux individus : l'un hermafrodite, & l'autre femelle ; & souvent à deux sortes de fleurs pêle-mêle.

Fruit en languere, contenant une feule graine.

1. Frêne commun, à feuilles ailées. *Fraxinus.*

A Meudon,

O R D R E S E C O N D.

Herbes.

A L G U E T T E.

Fleurs de deux fortes, côte à côte. Une étamine.

Deux dents pour tout calice.

Quatre femences oblongues, couvertes d'une écorce.

1. Alguette des marais, à feuilles alternes, fort étroites. *Algoïdes.* Ann.

P I N D E A U.

Bourlet à deux petites dents pour tout calice.

Une étamine à nud, fur le réceptacle.

Un piftil en alene , entre l'étamine
& la tige.

Une femence à nud.

5. Pindeau. *Limnopeuce.* Viv.
A Gentilly.

SECTION VII.

Fleurs cachées.

FIGUIER.

Fleurs de deux fortes , toutes ren-
fermées dans un calice commun , fermé par de très petites écailles.

Ce calice devient un fruit charnu.

1. Figuier commun , à feuilles en
palmete , affez épaiffes , & contenant
un fuc blanc, laiteux , fort âcre. *Ficus.*

Dans de vieux jardins abandonnés.

CLASSE V.

SECTION PREMIERE.

Famille des Fougeroles.

FOUGERE.

Fructification recouverte d'une envelope simple.

(*A*)

Fructification diſtribuée par paquets ronds fur deux rangs fous chaque aileron des feuilles : envelope en parafol.

1. Fougere mâle, à pied non branchu ; couvert de pailletes, feuilles doublement ailées, ailerons émouſſés, crénelés. *Filix.* Pl. 9. f. 2.

A Rongis.

2. Fougere liſſe, à feuilles doublement ailées, ailerons élancés. *Filix.*

A Meudon.

3. Fougere à crête, branchue, dou-

blement ailée , ailerons émoussés , crenelés. *Filix.*

A Saint-Cyr.

* Ailerons dentés , à dents fines.

A Saint-Cyr.

* Non branchue , dentée , à dents
fines.

A Montmorency.

4. Fougere - Drioptere , à feuilles
doublement ailées , ailerons trois à
trois. *Filix.*

(B)

Fructification rangée sur une ligne
qui borde le contour de chaque aileron
des feuilles. Envelope en auvent.

5. Fougere femelle , branchue , à
feuilles divisées en ailes, & sousdivi-
sées en ailerons élancés. *Filix.*

* Ailerons ondés.
* Ailerons fourchus.

(C)

Fructification distribuée par paquets
ronds sur deux rangs sous chaque aileron des feuilles. Envelope en auvent.

6. Fougere des marais, à ailerons ovales, pointus. *Filix.*

A Meudon.

(D)

Fructification diſtribuée par paquets ovales ſur le bord des feuilles. Envelope en auvent.

7. Filicule des Griſons, à feuilles doublement ailées, ailerons écartés, élancés, dentés en ſcie fine. *Filicula.*

A Meudon.

8. Filicule royale, à feuilles doublement ailées, ailerons déchiquetés. *Filicula.* Pl. 9. f. 1.

Aux Tuileries.

9. Filicule noire, à feuilles doublement ailées, ailerons ovalaires, crenelés. *Filicula.*

A Arcueil.

10. Filicule dentée, à feuilles larges. *Filicula.*

A Meudon.

(E)

Fructification diſtribuée par paquets

ovales au revers des feuilles. Envelope en auvent.

11. Doradille. Ceterac, à feuilles découpées en segmens, ou ailerons presque aussi larges que longs, & alternativement confluens. *Asplenium.*

A Meudon.

12. Politric, à feuilles empennées, pinnules arrondies, crenelées. *Trichomanes.*

A Meudon.

* Petit & tendre.

* Découpé avec grace.

A Marcoussy.

13. Sauvevie, à feuilles coupées & recoupées alternativement, ailerons en coin, crenelés. *Ruta muraria.*

A Saint-Cloud.

SCOLOPENDRE.

Fructification recouverte d'une envelope à deux valves, & distribuée par paquets oblongs sur deux rangs au revers des feuilles.

1. Scolopendre officinale, à pédicu
les velus, feuilles simples, en langue de
cerf, avec un talon en cœur à leur bafe.
Lingua cervina.

* Feuilles fort découpées.

2. Scolopendre-fpicante, à feuilles
empennées, pinnules étroites, paralleles, confluentes. *Polypodium.*

A Saint-Clair.

POLIPODE.

Fructification à nud, diftribuée par
paquets ronds, fur deux rangs, au dos
des feuilles.

1. Polipode vulgaire, à feuilles découpées jufqu'auprès de la côte, en
fegmens, comme des ailerons oblongs.
Polypodium.

A Meudon.

2. Lonquite, à pied menu, feuilles
ailées, avec un talon à leur bafe, ailerons en croiffant, dentés, à cils. *Lon-
chitis.*

A Meudon.

OSMONDE.

Fructification en bouletes réunies en panicule terminante.

1. Osmonde royale, à feuilles dou-blement empennées, pinnules élancées, portant les panicules de fleurs à leur cime. *Osmunda.*

A Montmorency.

2. Osmonde lunaire, à feuilles empennées, pinnules en forme de croissant, portant les panicules de fleurs sur le pédicule des feuilles, au recto. *Osmunda.* Viv.

A Belleville.

OFIGLOSE.

Fructification en languete, à deux rangs, au haut du pédicule du feuillage.

1. Ofiglosse vulgaire. Langue de serpent, à feuilles ovales, simples. *Ophioglossum.*

Aux Champs-Elisées.

S E C T I O N   I I.

Famille des Mousses.

L I C O P O D E.

Deux sortes de fleurs sur le même individu.

Fleurs mâles axillaires, assises.
Fleurs femelles axillaires.

Antere en rein, avec un sillon en dessus.

Capsule ronde, simple, à plusieurs valves.

» Feuilles triangulaires, alternative-
» ment opposées, ou verticillées quatre
» à quatre.

1. Licopode à massue, tige rampante, feuilles filamenteuses, épis cilindriques, deux à deux sur un pédicule. *Lycopodium.*

A Meudon.

2. Licopode des marais, à tige ram-

ante, feuilles simples, éparses, lisses,
pis feuillés. *Lycopodium.* Pl. 16. f. 11.

A Saint-Leger.

3. Licopode des Alpes, à tige rampante, rameaux quarrés, sions fourchus,
feuilles quatre à quatre en recouvrement, épis cilindriques. *Lycopodium.*

SFAIGNE.

Deux sortes de fleurs sur le même
individu.

Fleur mâle axillaire.

Urne ronde, à opercule obtus.

Apofise bordée, sous l'urne.

Fleurs femelles axillaires, assises,
en cônes.

» Feuilles ovales, triangulaires, alternes.

» Feuillage cilindrique.

1. Sfaigne des marais, à rameaux
rabatus, blanchâtres. *Muscus.* Pl. 23.
f. 3.

A Bondy.

* Rougeâtres.

2. Sfaigne des arbres , rampante, ramifiée , à urnes latérales, affectant un seul côté. *Muscus.* Pl. 27. f. 17.

A Versailles.

FONTINELLE.

Deux sortes de fleurs sur le même individu.

Urne oblongue, à cils , & à opercule pointu , avec une toque conique , lisse , & un sachet en forme de burette.

» Fleurs axillaires , assises.

» Feuilles triangulaires , ovales , al-» ternes.

» Feuillage triangulaire , aplati.

1. Fontinelle incombustible , à longs fléaux peu ramifiés , feuilles très pointues, pliées en gondole , urnes latérales. *Muscus.* Pl. 33. f. 5.

2. Fontinelle empennée , à urnes latérales , feuilles en barbe de plume, à deux rangs , frisées. *Muscus.* Pl. 27. f. 4.

A Jouy. Mars , Avril.

* Petite.

3. Fontinelle flottante, à longs fléaux ilés , feuilles pointues. *Mufcus*. Pl. 3. f. 6.

A Verfailles.

4. Fontinelle droite, à longs fléaux lroits , feuilles hériflées , femences .xillaires. *Mufcus*. Pl. 28. f. 10.

5. Fontinelle écailleufe , à feuilles :mbriquées , en alenes, élancées , fleurs atérales. *Fontalis*.

H I P.

Deux fortes de fleurs fur le mê-me individu ; axillaires , à côté des fions.

Fleur mâle :

Urne oblongue à cils , & opercule pointu.

Toque oblongue , lifle , oblique.

Sachet écailleux , d'où fort le pé-dicule.

Fleur femelle, en étoile terminante.

Semences nichées entre les écailles.

„ Feuilles triangulaires , alternes.

„ Feuillage cilindrique.

(*A*)

Urnes droites.

1. Hip - bryet , à feuilles très simples , en plumes , barbillons élancés ,
pédicules des urnes au haut des sions.
Muscus. Pl. 24. f. 13.

A Versailles.

2. Hip-fléau , à sions rampans,fouets
grêles , feuilles épanouies , pointues.
Muscus. Pl. 23. f. 1.

A Saint-Maur.

3. Hip - dendrite , à tige droite ,
branchue , urnes droites. *Muscus.* Pl·
26. f. 6.

A Jouy.

4. Hip-toupet, à urnes droites, feuilles par toupets , recourbées. *Muscus.*
Pl. 26. f. 14.

5. Hip aplati , rameux , à feuilles
en plumes , barbillons pointus , feuillage fort touffu , aplati. *Muscus.* Pl. 23.
fig. 4.

Hip

6. Hip-renardier, à tige droite fort ramifiée, urnes chancelantes. *Muscus.* Pl. 23. f. 5.

A Versailles.

7. Hip soyeux, luisant, à sions rampans, rameaux drus & droits, brins en arrêtes de poisson, feuilles en alenes, urnes droites & pointues. *Muscus.* Pl. 27. f. 3.

Au Luxembourg.

* Sur les murs.

8. Hip - raton, à rameaux droits, ronds & lustrés, urnes chancelantes *Muscus.* Pl. 27. f. 12.

A Versailles.

(B)

Urnes penchées.

9. Hip-ivet, à feuilles en plumes, élancées, pédicules des urnes à la base des feuilles. *Muscus.* Pl. 24. f. 11.

* Hip - adiantin, droit, branchu, à feuilles en plumes, pédicules des urnes au milieu du feuillage. Pl. 28. f. 5.

Tome II. T

10. Hip dentelé, à feuilles en plumes, barbillons doubles, pédicules
des urnes à la base des feuilles. *Mufcus.* Pl. 29. f. 8.

A Meudon.

11. Hip-ratel, à rameaux traînans,
feuilletes ovales, pointues, en recouvrement. *Mufcus.* Pl. 27. f. 8. ; & Pl.
23. f. 2.

A Jouy.

12. Hip-filiquet, à brins écartés,
feuilles en plumes, barbillons courbes,
pointus, en recouvrement. *Mufcus.*
Pl. 27. f. 11 ; & Pl. 28. f. 11.

En Avril.

* Feuilles courbées. Pl. 29. f. 9.

13. Hip prolifere, à fions plats, en
plumet, pédicules des urnes aggrégé.
Mufcus. Pl. 25. f. 1.

14. Hip des murs, à fions plats, ailés,
continués, pédicules aggrégés. *Mufcus*
Pl. 28. f. 1 ; & Pl. 29. f. 1.

* Petit.

15. Hip longuet, trainant, à fions

ailés , peu ramifiés , feuilletes ovales , urnes courbées. *Muscus.* Pl. 23. f. 9.

16. Hip à aigretes, longs fléaux, fions ailés, brins écartés. *Muscus.* Pl. 27. f. 1.

17. Hip à pennache , fions ailés, brins raprochés, pointes rabatues , feuilles frifées. *Muscus.* Pl. 27. f. 14.

18. Hip fapinet , à fions écartés, inégaux , rondelets , en plumes. *Muscus.* Pl. 23. f. 12 ; & Pl. 29. f. 12.

A Roquencourt.

19. Hip cipriot , rampant , à fions ailés , feuilletes crenelées , à pointes en alénes , toutes d'un côté. *Muscus.* Pl. 27. f. 13.

20. Hip rude, à rameaux épars, feuilles ovales, recourbées , à pointes d'aenes. *Muscus.* Pl. 27. f. 5.

A Verfailles.

21. Hip-écourgée , à fions rampans, fouets longs & grêles , feuilles pointues, toutes d'un côté , urnes arrondies. *Muscus.* Pl. 25. f. 2.

T ij

22. Hip pur , à rameaux épars , ailés, pointus , feuilletes ovales , obtuſes , entaſſées. *Muſcus.* Pl. 28. f. 3.

23. Hip-calin , à tige droite, branchue , feuilles écailleuſes , embriquées. *Muſcus.* Pl. 25. f. 7.

24. Hip velouté , à ſions rampans , rameaux drus & droits , feuilles en alenes , urnes ovales, inclinées. *Muſcus.* Pl. 26. f. 9.

25. Hip ſerpentin, à brins filandreux, feuilletes très fines , urnes grêles & arquées , pédicules droits. *Muſcus.* Pl. 28. f. 2 , 6 , 7, 8.

A Meudon.

26. Hip ſouriceau , à ſions fort ramifiés , rameaux ronds , à pointes d'alenes , urnes penchées. *Muſcus.* Pl. 27. f. 6.

27. Hip denté, petit, ſoyeux , à feuilles embriquées , urnes penchées. *Muſcus.* Pl. 28. f. 4.

28. Hip arbuſtin , couché. *Muſcus.*

29. Hip ſantolin, à tige droite , feuil-

les embriquées, urnes inclinées. *Muf-cus.* Pl. 29. f. 10.

A Meudon.

(C)

Urnes renverfées.

30. Hip triangulaire, à rameaux vagues, recourbés, feuilles ovales, repliées, évafées. *Mufcus.* Pl. 28. f. 9.

A Verfailles.

G R É A N.

Deux fortes de fleurs fur le même individu.

Urne affife, terminante, ovale, à cils, & opercule pointu.

Fleur femelle en étoile terminante.

Semence entre les écailles.

1. Gréan acroupi, fans tige, à fleurs affifes, feuilles ovales, pointues, fort drues. *Mufcus.* Pl. 27. f. 2.

Au Jardin Royal. Janvier. Février.

2. Gréan fubulé, fans tige, à fleurs affifes, feuilles en alenes, feuillage

éparpillé en pinceau. *Muscus.* Pl. 29.
f. 4.

A Versailles. Avril.

N. B. Il fait des gazons fort serrés.

3. Gréan noueux , à urne droite ,
coëffe très petite, tige tortue, & noueuse. *Muscus.* Pl. 27. f. 15 , 18.

M O U S S E T E.

Deux sortes de fleurs sur le même
individu.

Urne oblongue, en poire , penchée ,
à anneau bordé de cils , opercule oblong.

Toque pointue , oblique.

Amas de poussiere en boulete au haut
d'un filet.

» Fleur terminante , haut montée.

1. Moussete branchue , à feuilles
très étroites & courtes. *Muscoïdes.* Pl.
29. f. 6.

A Versailles.

PLAC.

Deux individus.

Mâle en pied :

Urne cilindrique, à huit dents rabatues.

Toque conique, lisse.

Réceptacle membraneux.

Femelle :

Calice commun, en étoile, de plusieurs feuilletes en alenes, rayonnantes.

Plusieurs pistils courts, colorés.

1. Plac ampoullé, à urne boursoufflée,
en poire. *Muscus*. Pl. 26. f. 4.

A Saint Leger. Mai Juin.

POLITRICHE.

Deux individus.

Fleur mâle sur un pédicule terminant.

Urne oblongue, à cils, couverte
d'une membrane orbiculaire, & d'un
opercule conique.

Toque conique, ordinairement velue.

Apophyfe échancrée, fous l'urne.

Sachet en forme de gaîne cilindrique, courte.

Fleur femelle en étoile, ou rofete
colorée.

Semence dans les aiffelles des écailles.

» Feuilles triangulaires, alternes.
» Feuillage cilindrique.

1. Politriche dorée. Percemouffe, à
urne parallélipipede. *Mufcus.* Pl. 23.
f. 6, 7, 8.

A Verfailles.
* Toque très longue.
* Prolifere.

2. Politriche rameufe, à tige branchue, fleurs axillaires, coëffe velue.
Mufcus. Pl. 28. f. 13?

M N I.

Deux individus.
Mâle: fleurs à longs pédicules.

Urne à anneau bordé de cils, &
opercule.

Toque oblongue, pointue, oblique.

Femelle : calice commun, étoilé,
de six feuilletes rayonnantes.

Semences entre les écailles.

„ Feuilles triangulaires, alternes.

„ Feuillage ovalaire.

(*A*)

Urnes droites.

1. Mni transparent, à tige simple,
feuilles ovales, gazons touffus. *Muf-*
cus. Pl. 24. f. 7.

A Versailles.

2. Mni des fontaines, à tige simple,
grêle, feuilles ovales, gazons touffus.
Muscus. Pl. 24. f. 4, 5, 10.

Mars, Avril.

3. Mni purpurin, à tige fourchue,
feuilles en gondole, urnes droites, fortant des aisseles des feuilles, gazons
fort touffus.

A Versailles. Avril.

4. Mni à vrilles , feuilles minces , qui forment une étoile à l'extrémité , & qui se roulent en sechant. *Muscus.* Pl. 24. f. 8.

5. Mni politriqué , nain , à toque velue. *Muscus.* Pl. 26. f. 15 Pl. 29. f. 11.

A Versailles.

* Moyen.

(B)

Urnes renversées.

6. Mni des marais , à tige divisée de deux en deux , feuilles en alenes. *Muscus.* Pl. 24. f. 1.

Avril , Mai.

7. Mni igrometre , à urne en toupie penchée , toque quarrée , pointue , rabatue ; feuilles en cueilleron. *Muscus.* Pl. 26. f. 16.

Avril.

8. Mni jouvenet, à sions simples , feuilles rudes à leurs bords , grandes urnes penchées. *Muscus.* Pl. 24. f. 4, 5 , 10 , 19.

9. Mni serpolin, à feuilles épanouies,

luifantes , ovales , unies. *Mufcus.*

—— Pointillé , à feuilles ovales , unies , urnes aggregées. Pl. 26. f. 18.

A Verfailles.

* Urnes folitaires. Pl. 26. f. 5.

—— Ondoyant, à feuilles oblongues ondées. Pl. 24. f. 3.

A Meudon.

10. Mni chevelu , à feuilles ovales , en gondole, garnies de cils , urnes pendantes, fur de très longs pédicules. *Mufcus.* Pl. 24. f. 6 ; & Pl. 26. f. 12.

A Bondy.

11. Mni triangulaire , à urnes renflées , fur de longs pédicules , feuilles triangulaires en nacelle. *Mufcus.* Pl. 23. f. 2. 2.

* Urnes prefque cilindriques, obtufes.

12. Mni dentelé....

B R I.

Deux fortes de fleurs, terminantes.

Fleur mâle : urne oblongue, à anneau & cils, & opercule conique.

Toque oblongue, pointue, oblique.

Tubercule au bas du pédicule.

Fleur femelle peu apparente, en étoile.

Semences sous les écailles.

» Feuilletes triangulaires.

» Feuillage cilindrique.

(A)

Urnes droites.

1. Bri rayé, à coëffe rayée & velue en-deffus. *Mufcus*. Pl. 25. f. 5, 6. Pl. 27. 9, 10.

* Petit.

* Coëffe couronnée de cils.

* Feuilles chevelues.

2. Bri à pommete, urne droite, en pomme. *Mufcus*. Pl. 24. f. 9, 12.

A Verfailles.

3. Bri à poire, fions fans tige, urnes droites, en poire, toque en alene, euilles ovales, fans cils. *Mufcus*. Pl. 29. f. 3.

A Meudon. Avril. Mai.

4. Bri éteignoir, à petite urne droite, oblongue, toque en capuchon. *Muscus*. Pl. 26. f. 1.

5. Bri subulé, à sions sans tige, urnes très longues, droites, en alene. *Muscus*. Pl. 25. f. 8. Gazons toufus.

A Versailles.

6. Bri rustique, à feuilles rabatues, & terminées par une longue soye, urne droite. *Muscus*. Pl. 25. f. 3.

* Mural, à sions simples, en gazon demi-sphérique, feuilles terminées par des poils, urne droite. Pl. 24. f. 15.

* Sans poils. Pl. 24. f. 14. Pl. 25. f. 4.

7. Bri à balais, tige penchée, feuilles en faucille, très fines, toutes d'un côté, urne droite, longue toque. *Muscus*. Pl. 28. f. 12. Gazons toufus.

A Versailles.

8. Bri élegant, à feuilles chevelues, toutes du même côté, urnes droites. *Muscus*. Pl. 27. f. 7.

A Versailles.

9. Bri tronquet, très petit, à urne

droite , opercule pointu. *Muscus.* Pl.
26. f. 2.

Au Luxembourg.

10. Bri verdoyant, à feuilles élancées,
pointues , en recouvrement , feuillage
évasé , urnes droites , ovales. *Muscus.*
Pl. 29. f. 5.

A Verfailles.

11. Bri hipnot , à tige droite , brins
latéraux courts , urnes droites , velues.
Muscus.

A Saint-Germain.

* Urnes longues & pointues.

12. Bri aquatique , à feuilles embriquées , urne droite , terminée par une
pointe. *Muscus.* Pl. 27. f. 16.

13. Bri graminet. *Muscus.*

14. Bri tranfparent , à tige hériffée ,
feuilles recourbées , pointues , urnes
droites. *Muscus.*

(B)

Urnes courbes.

15. Bri cambré , à feuilles épanouies,
élancées , ondées , dentées en fcie ,

urne courbe , toque très pointue , pédicule droit. *Muscus.* Pl. 26. f. 17,

A Meudon.

16. Bri verdemer, à si ons rameux ,
fréles , feuilles blanchâtres , feuillage
fort toufu , urne chancelante , opercule arqué. *Muscus.* Pl. 26. f. 13.

A Versailles. Mars. Avril.

17. Bri argentin , à sions assez lisses ,
ronds , urnes pendantes. *Muscus.* Pl.
26. f. 3.

Au Luxembourg.

18. Bri coussinet , à feuilles hérissées
de cils , gazons demi-sphériques , fort
serrés , urnes arrondies, pédicules plon-
geans. *Muscus.* Pl. 29. f. 2.

19. Bri des gazons , à feuilles élancées , garnies de cils , urnes pendantes,
sur de longs pédicules purpurins. *Mus-*
cus. Pl. 29. f. 7.

SECTION III.

Famille des Crustelles.

ANTOCEROS.

Deux sortes de fleurs.

Fleur mâle :

Calice oblong , tronqué.

Une étamine très longue , sans fila-ment.

Fleur femelle :

Calice évasé , découpé en six, ou en quatre.

Trois, ou deux, semences au fond du calice.

1. Antoceros pointillé , à feuilles entieres , ondées , crenelées , poin-tillées. *Anthoceros.*

2. Antoceros lisse , à feuilles entie-res , ondées , lisses. *Anthoceros.*

R I C C I.

Deux fortes de fleurs.

Fleur mâle :

Une étamine, fans filament.

Fleur femelle :

Capfule ronde, fimple.

1. Ricci cryftallin, à lobes mamme-lonnés. *Hepatica*. Pl. 19. f. 2.

A Meudon.

2. Ricci bleuâtre, à feuillage liffe, cannelé, à deux lobes obtus. *Hepatica*. Pl. 19. f. 1.

A Porchefontaine.

3. Ricci flottant, à feuillage divifé de deux en deux, fegmens comme des fils. *Hepatica*. Pl. 19. f. 3.

A Fontainebleau. Juillet.

M A R C H A N T I N E.

Deux fortes de fleurs fur le même pied.

Fleurs mâles fur un long pédicule :

Calice commun en plateau , découpé en plusieurs segmens, & garni en deffous, à chaque échancrure, d'une petite fleur en poire.

Fleurs femelles fans pédicule :

Calice demi - fphérique , membraneux , permanent.

» Feuillage d'un verd foncé & lui-
» fant, chagriné en-deffus.

1. Marchantine. Héparique officinale , à plateau découpé en dix fegmens. *Hepatica.*

* Etoilée.

* A plateau découpé en huit fegmens.

2. Marchantine conique , à calice commun , un peu relevé en chapeau , à cinq fegmens. *Hepatica.*

A Jouy.

3. Marchantine - croifette , à plateau découpé en quatre lanieres tubulées. *Hepatica.* Pl. 33. f. 8.

A Verfailles , ifle d'amour. Avril.

JONGERMAN.

Deux fortes de fleurs.

Fleur mâle en pied :

Sachet en tuyau , à deux ou quatre dents , d'où fort le filament.

Antere , qui s'ouvre en quatre pan-neaux évafés, permanens.

Fleur femelle , affife :

Semences à-peu-près rondes.

» Feuilles ailées , qui ne font pro-
» prement que des découpures d'une
» lame rampante.

1. Jongerman-afplenide , à feuilles fimplement ailées , ailerons ovales , avec de petits cils. *Hepaticoïdes.* Pl. 19. f. 7.

A Verfailles.

2. Jongerman bidenté, à feuilles fim-plement ailées , ailerons à deux dents. *Hepaticoïdes.* Pl. 19. f. 8.

3. Jongerman ondoyant, à feuilles ai-lées en-deffus, ailerons unis, gaudronés,

à oreilletes. *Hepatica.* Pl. 19. f. 6.

A Fontainebleau.

4. Jongerman blanchâtre, à feuilles ailées en-deſſus, ailerons très étroits, recourbés en forme de cloportes. *Hepaticoïdes.* Pl. 19. f. 5.

A Verſailles.

5. Jongerman dilaté, à ſions rampans, feuilles en double recouvrement, avec des oreilletes en-deſſous, rameaux élargis à leur ſommet. *Hepaticoïdes.* Pl. 19. f. 10.

A Verſailles.

6. Jongerman-tamariſet, à feuilles en recouvrement ſur deux rangs, celles de deſſus quadruples des autres. *Hepaticoïdes. Muſcus.* Pl. 23. f. 10.

7. Jongerman - tuyet, à ſions couchés, feuilletes écailleuſes, pointues, en recouvrement. *Hepaticoïdes.* Pl. 19. fig. 9.

8. Jongerman ciliaire, à ſions rampans, feuilletes en double recouvre-

nent, à oreilletes en-deſſous, & à cils. *Muſcus.* Pl. 26. f. 11.

9. Jongerman fourché, ſans tige , feuilles rameuſes , longues & étroites, & fourchées à leur extrémité. *Hepatica.* Pl. 23. f. 11.

10. Jongerman. Marſilli, ſans tige, la fructification s'élevant du milieu des feuilles. *Hepaticoïdes.*

11. Jongerman friſé, à feuilles chicoracées. *Hepaticoïdes.* Pl. 19. f. 4.

L I Q U E N.

Deux ſortes de fleurs.

Fleurs mâles, ſur un écuſſon orbiculaire , liſſe , gluant.

Fleurs femelles :

Semences farineuſes.

» Lame rampante , découpée.

» Subſtance fongueuſe ,

» Molle & ſouple lorſqu'elle eſt humide , caſſante lorſqu'elle eſt ſéche.

(*A*)

1. Liquen noirâtre, reſſemblant à un cuir de bouc. *Lichen.*

(*B*)

Feuillée, coriace.

2. Pulmonette ciliaire, à lanieres longues & étroites, bordées de cils, écuſſons crenelés, à pédicules. *Lichen.* Pl. 20. f. 4.

A Fontainebleau.

* Plus petite. Pl. 20. f. 5.

3. Pulmonette de chêne, liſſe, à lanieres obtuſes, à lacunes en-deſſus, & duvet en-deſſous. *Lichen.*

A S. Germain.

4. Pulmonette perlée, noirâtre en-deſſous, bords friſés. *Lichen.* Pl. 21. fig. 12.

5. Pulmonette calicaire, droite, convexe, pointue, étroite, rameuſe, à lacunes. *Lichen.* Pl. 20. f. 6. Pl. 21. f. 2.

6. Pulmonette canine, rampante, plate, en palmette, veinée & velue

en-deſſous , à écuſſons ſur les bords·
Lichen. Pl. 21. f. 16.

A Verſailles.

* Petite.

* Rouſsâtre.

* Griſe.

7. Pulmonette rouſſe , velue en-
deſſus , rude en-deſſous, à petits écuſſons. *Lichen.*

A Fontainebleau.

8. Pulmonette gris-verdâtre , & crépue. *Lichen.* Pl. 21. f. 13.

9. Pulmonette veinée, rampante ,
ovale , plate , veinée en-deſſous & velue , à écuſſons en marge horizontalement. *Lichen.*

(C)

Feuillée , mollette.

10. Orſeille prunelliere , aſſez droite , à lacunes , cendrée en - deſſous. *Lichen.* Pl. 20. f. 11 , 12.

A Meudon.

11. Orſeille farineuſe , droite, aplatie , rameuſe , à bords chargés de ver-

rues. *Lichen.* Pl. 20. f. 13 , 14 , 15.
A Meudon.

12. Orseille chantournée, verd-pâle, ridée , à bords ondoyans. *Lichen.*
A Versailles.

13. Orseille d'Islande , grimpante , déchiquetée , bords garnis de cils. *Coralloïdes.*

A Versailles. A Meudon. A Montmorency.

14. Orseille de fresne , grise , mollette , droite , découpée en grandes lanieres. *Lichen.*

15. Orseille blanche , mollette , à cornes de daim , segmens étroits. *Lichen.* Pl. 20. f. 7.

(D)

Lobes embriqués.

16. Perelle brodée , écussons de la couleur du feuillage. *Lichen.* Pl. 21. fig. 1.

17. Perelle ombilicate , à feuillage lisse , fort découpé , blanchâtre , relevé

de

de boffetes noires, baffins ronds, bordure recourbée en-deffous. *Lichen.* Pl. 20. fig. 10.

A Verfailles.

18. Perelle olivâtre, à lobules liffes, livides. *Lichen.* Pl. 20. f. 8.

19. Perelle étoilée, à feuilletes griffes, oblongues, lanieres étroites, écuffons noirs. *Lichen.*

20. Perelle des murs, à feuilles friffées, fauves, écuffons gris-cendrés. *Lichen.*

Aux arbres ; aux murs.

* Fauves.
* Verdâtres.

(E)

A ombilic.

Sale, & comme enfumée.

21. Herpete puftuleufe, à lacunes en deffous, & qui femble grillée. *Lichen.* Pl. 20. f. 9.

A Marcouffy.

22 Herpete rôtie, liffe deffus &

Tome II. V

deſſous, *Lichen*. Pl. 21. f. 14.

A Marcouſſy.

(*F*)

Galleuſe.

A tubercules.

24. Gallette des landes , blanchâtre, à tubercules couleur de chair. *Fungus.*

23. Gallette écrite , blanchâtre , à caracteres noirs , qu'on prendroit au premier coup - d'œil pour des lettres hébraïques. *Lichen.*

(*G*)

Galleuſe.

A écuſſons.

25. Leprote rouillée , à croute blan- châtre , écuſſons noirâtres. *Lichen.*

* Ecuſſons gris - cendrés , en forme de pierres d'écreviſſes.

* Ecuſſons aplatis , farineux.

* Croute grisâtre , écuſſons couleur de rouille.

* Ecuſſons noirâtres.

(*H*)

Ecuſſons en entonnoirs.

26. Pixide crenelée , à tubercules bruns. *Lichen*. Pl. 21. f. 8.

A Meudon.

* Grande.

* Petite. Pl. 21. f. 6.

A Verrieres.

* Ridée. Pl. 21. f. 7.

* Renflée.

A Bondy.

* Prolifere , à entonnoirs enfilés. Pl. 21. f. 9.

Au bois de Boulogne.

* Verticillée , à entonnoirs enfilés fucceffivement par étages. Pl. 21. f. 5.

* A entonnoirs entaffés. Pl. 21. f. 10.

27. Pixide frangée , tuyaux des entonnoirs cilindriques , bords dentelés, tuberculeux ; rameufe. *Lichen*. Pl. 21. fig. 11.

A Verfailles.

* Non rameufe.

A Bondy.

28. Pixide écarlatine , à tuyaux des

entonnoirs cilindriques, tubercules ver-
meils. *Lichen.* Pl. 21. f. 4.

A Verſailles.

29. Pixide difforme, renflée en fe-
mur, bords des entonnoirs retournés,
dentelés. *Lichen.*

A Verſailles.

30. Pixide endivette, à feuilles co-
riaces, en cornes d'élan, bords des
écuſſons friſés. *Lichen.*

* Entonnoirs enfilés, bords rudes.

31. Pixide cornue, un peu renflée,
à écuſſons entiers, unis. *Coralloïdes.*

A Fontainebleau.

32. Pixide tubulée, à feuillage verd-
brun, écuſſons grêlés, en trompette.
Lichen. Pl. 26. f. 10.

(*I*)

En arbuſte, tubulé.

33. Coralloïde des rennes, très ramifié, à cornichons creux, penchés,
tout blanc. *Coralloïdes.*

A Meudon.

* Cornichons rougeâtres.

34. Coralloïde subulé, ramifié de deux en deux, en corne de cerf, à cor- nichons en pointe d'alènes. *Coralloï- des.* Pl. 26. f. 7, 7, 7.

* Cornichons courts.

* Longs.

* Rudes & fourchus.

* Lisses & fourchus. Pl. 7. f. 7.

* Crochus.

A Versailles.

35. Coralloïde-oncial, à cornichons creux très courts, & pointus. *Coralloï- des.*

36. Coralloïde brun, en buisson épineux. *Lichen.* Pl. 26. f. 8.

(L)

Filamenteuse.

37. Usnée floride, rameuse, droi- te, à écussons radiés. *Lichen.*

38. Usnée officinale, à rameaux en- trelassés, penchans, écussons radiés. *Muscus.*

A Saint-Germain.

V iij

SECTION IV.

Plantes à reconfronter.

PILULAIRE.

Fructification en boulete près de la racine.

» Feuilles comme du jonc.
» Racine traçante.
» Goût herbacé.

1. Pilulaire. *Pilularia*. Pl. 15. f. 6. A Grosbois.

PRÊLE.

Deux individus.
Fleurs mâles, en épi terminant.
Fleurs femelles ?
» Tige articulée, en tuyaux de poële.

1. Prêle des étangs, à tige rayée, foies longues. *Equifetum*. Viv.

2. Prêle des marais, à tige anguleufe, foies courtes. *Equifetum*.

3. Prêle des champs, à tige couchée, nue, soies très longues. *Equisetum*. Viv.

Au bois de Boulogne.

4. Prêle d'hiver, à tige nue, rude, simple. *Equisetum*. Viv.

A Montmorency.

5. Prêle des prés bas, à tige nue, lisse, très simple. *Equisetum*. Viv.

CLASSE VI.

SECTION PREMIERE.

Famille des Fongueuses.

CREUSOT.

Forme d'un creuset de chymiste, d'un verre épaté, d'une poire renversée, ou d'une cloche, d'abord fermée par une pellicule, qui s'ouvre soit entiere comme un couvercle, soit par trois, ou quatre fentes.

Subſtance, coriace, mince.

Huit à douze capſules lenticulaires, attachées au fond de la cavité par un filet.

1. Creuſot liſſe. *Fungoïdes.* Pl. 11. f. 6, 7.

Au Jardin Royal.

* Rayé en dedans, ratiné en déhors.
Pl. 11. f. 4, 5.

A Verſailles.

CHAMPIGNON.

Chapeau orbiculaire, doublé de lames ſimples, convergentes, & portant ſur un pivot inſeré à ſon centre.

Ce chapeau d'abord rabatu & fermé, s'ouvre, s'étend & ſe releve ſucceſſivement.

(*A*)

Calote ronde.

1. Champignon commun, à chapeau blanc, lames vermeilles, bon goût. *Fungus.*

* *a.* Gris.

* *b.* Livide.

A Saint Maur.

* *c.* Violet. *Fungus.*

A Verſailles. Août, Septembre.

* *d.* Violet-pâle. *Fungus.*

A Clagny.

V v

* *e.* Tout blanc, goût un peu piquant. *Fungus.*

A Verſailles. Septembre.

* *f.* Couleur de ceriſe pâle, goût âcre, & póivré. *Fungus.* V. B. P. n°. 6. *

A Marly. Août.

2. Champignon à cravate.

* *a.* de Comus, à chapeau blanc, lames vermeilles, pivot à cravate, ou colier, chair ferme, bonne odeur & bon goût. *Fungus.*

Septembre.

La ſurpeau s'enleve aiſément tant qu'il eſt tendre.

N. B. C'eſt celui qu'on éleve ſur couche.

* *b.* Tout blanc, tant les lames que la calote. *Fungus.*

Octobre.

* *c.* Bijou, blanc de lait, moucheté de tubercules tannés, taillés en pointe de diamant, bon goût. *Fungus.*

A Verſailles.

* *d.* Haut monté, à chapeau blanc ;

gerſé, pivot très long, en quille, chair mollaſſe, aſſez bon goût. *Fungus.*

A Glatigni. Septembre.

* *e.* A timpan, chapeau fermé d'une membrane, dans ſa jeuneſſe. *Fungus.*

3. Champignon à peignoir.

* *a.* Ponceau, fauſſe Oronge, à calote parſemée de croutes comme des verrues, pivot chargé d'une peau blanche rabatue en forme de peignoir, goût doux, comme du cidre nouveau. *Fungus.*

A Verſailles. Septembre.

* *b.* Dartreux, à calote rouſſe, couverte d'une eſpece de dartre farineuſe, aſſez bon goût. *Fungus.*

A Verſailles. Septembre.

4. Champignon à toilete.

* *a.* Gris, chapeau aſſez mince, gris de ſouris, pivot en quille, le tout ſortant d'une envelope membraneuſe, blanche, comme la toilete des tailleurs; goût paſſable. *Fungus.*

A Verſailles. Septembre.

* *b.* Jaseran, jaune - doré , fort grand , goût exquis. *Fungus.*

A Vincenne.

N. B. On croit que celui-ci est l'Oronge véritable.

5. Champignon bulbeux.

* *a.* Verdâtre, à chapeau blanc - verdâtre , pivot garni d'un collier , & sortant d'une espece d'oignon. *Fungus.* Pl. 14. f. 5. *a.*

A Marly. Septembre.

* *b.* Tout blanc.

* *c.* Chapeau incliné , pivot arqué.

* *d.* Olivâtre, à chapeau blanc-olivâtre, lisse , parsemé de verrues brunes., lames blanc de lait. *Fungu.*

A Versailles. Août, Septembre.

* *e.* Couleur de noisete , à chapeau couleur de noisete , parsemé de verrues blanchâtres, goût passable. *Fungus.*

A Versailles. Août. Septembre.

* *f.* Truité, à chapeau gris, truité. N.
A Montmorency.

6. Champignon baveux, à chapeau couleur de noisete , enduit d'une glu jaune, comme de la bave de limaçon, pivot roussâtre, moiré, chair blanche , mollasse, goût passable. *Fungus.*

A Versailles. Septembre , Octobre.

* *a.* Gluant, tout couleur de rouille, chapeau peu charnu, goût fade. *Fungus.*

A Versailles. Octobre.

* *b.* Chapeau couleur de bois, pivot couleur de soufre.

* *c.* Chapeau verd foncé, pivot couleur de soufre.

7. Champignon laiteux , à chapeau blanc, plein d'un lait âcre. *Fungus.*

Août Septembre.

* *a.* Très âcre. *Fungus.*

A Boulogne.

8. Champignon sec , couleur de paille , à chair ferme & seche , sentant la cave au bois ; goût point mauvais. *Fungus.*

Septembre.

9. Champignon solide , tout gris , à

lames ferrées & ondées, pivot dur,
chair ferme, un peu amere & poivrée.
Fungus.

A Clagni. Septembre.

10. Champignon mignon.

* *a.* Ivoiré, à calote luifante comme
de l'ivoire rouffâtre, pivot creux, à
cravate, bon goût. *Fungus.*

A Verfailles. Août. Septembre.

* *b.* Blanc de lait, affez bon goût.
Fungus.

A Porchefontaine. Octobre.

* *c.* Orangé, tant la calote que le pivot, lames blanches. *Fungus.*

A Verfailles. Septembre. Octobre.

* *d.* Tout foufré, à pivot tortu. N.
A Villetaneufe.

* *e.* Lie de vin. N.

* *f.* Moufferon, blanc, rougeâtre,
bonne odeur & bon goût. *Fungus.*

* *g.* Jaune.

* *h.* Clou, couleur de noifete, chapeau en tête de clou d'impériale de ca-
roffe, très mince & rayé, lames noires,

pivot, long, coriace, goût paffable. *Fungus.*

A la Vallée Renard. Septembre.

* *l.* Corallin, à chapeau très mince, rouge d'écarlate, pivot un peu ondé, goût aflez infipide. *Fungus.*

A la Vallée Renard. Août. Septemb.

* *l.* Enfumé, calote jaunâtre, lames de couleur de fumée. *Fungus.*

A Verfailles. Octobre.

* *m.* Liffe, à chapeau blanc-rouffâtre, lames de couleur de chair, goût paffable. *Fungus.*

A la Vallée Renard. Septembre.

* *n.* Ametifte, à chapeau en parafol, n'ayant prefque que la peau. *Fungus.*

A Marly. Août, Septembre.

* *o.* Bulle, délicat, orangé & tranfparent, doublé de huit à dix lames blanchâtres, affez bon goût. *Fungus.* Pl. 11. f. 19, 20.

Au Jardin Royal. Janvier.

* *p.* Androfacé, à chapeau blanchâtre, doublé de très peu de lames, pivot-brun

foncé, poli & luisant. *Fungus.* Pl. 11
f. 21, 22, 23.

A Versailles. Octobre.

** q.* Coudé très petit, à pivot arqué,
venant sur l'écorce des arbres. N.

Au Luxembourg.

11. Champignon fondant.

** a.* Bonnet sale, gris-brun, éraillé,
lames noirâtres, pivot creux. N.

A Ecouan.

** b.* Bonnet poudreux. N.

** c.* Petit bonnet, au travers duquel
le bout du pivot paroît très distincte-
ment. N.

** d.* Tiarre, à chapeau grisâtre, en
forme de bonnet de nuit, peu de goût.
Fungus.

Sur les fumiers. Septembre.

12. Champignons en société.

** a.* Gris de fer. N.

A Iffy.

** b.* Couleur de noisete, tendre. *Fungus.*

A Bondy.

*c.Blancs, enduits d'une glu luisante, & haut montés. *Fungus.*

A Vincenne. Septembre.

d. Couleur de chair - sale, à chapeau plissé par le bas, pivot tortu, ou aplati, bon goût. *Fungus.*

A Versailles. Septembre.

e. Cannelés, à chapeau mince, d'abord en bonnet de nuit, puis épanoui en paraffol, cannelé en long, tirant du couleur de noisete au noir livide, lames noir de fumée, pivot en tuyau de plume, blanc, un peu luisant, bon goût. *Fungus.*

A Versailles. Juin.

f. Ovales, à chapeau ovale, gris-foncé, très mince, cannelé & couvert d'une espece de dartre farineuse, lames tirant du blanc au noir, pivot creux, blanc, & dont le sommet se marque au travers du chapeau. *Fungus.* Pl. 12. f. 10, 11.

(*B*)

Chapeau en cone.

13. Champignon conique.

* *a* Tigré, à chapeau blanc, & tannés roußes, dispofées comme par cercles, chair tendre, point mauvais goût. *Fungus.*

A Verfailles. Septembre, Octobre.

* *b*. Gris rouffâtre, à chapeau un peu pluché au fommet, bords ondés. N.

* *c*. Haut perché, à chapeau couleur de bois, lames brunes minimes, pivot très long, tortu. N.

* *d*. Gris e fouris, à long pédicule creux, tortueux, & un peu aplati. N.

Au Jardin Royal. Novembre.

14. Champignon conique, mineur.

* *a*. Pluché, brun, bon goût. *Fungus.* Pl. 13. f. 4, 5, 6.

A Marli. Août.

* *b*. Gris, très mince. *Fungus.*

A Verfailles. Septembre.

* *c*. Ecarlatin, à chapeau écarlate en deffus, brun en deffous, pivot jaune-fale. N.

* *d*. Tout orangé. N.

*e. Prolifere, gris cendré, à long pivot, piqué d'une multitude de petits champignonets, comme des têtes de camion. N.

Au Jardin Royal.

N. B. C'est un des plus singuliers de notre collection.

15. Champignons coniques en société.

*a. Rouge-orangés. *Fungus*.

*b. Puans, à chapeau couleur de soufre, pivot creux, chair puante, goût un peu amer. *Fungus*.

Septembre.

(C)

Chapeau en cône tronqué, ou en cloche.

16. Champignon clochete.

*a. Fougeret, visqueux & luisant, à chapeau en cone tronqué, très mince, blanchâtre, & comme rayé, goût un peu piquant. *Fungus*.

A Versailles. Octobre.

17. Champignons clochetes, en société.

* *a.* Chatains, à pivot creux, grêle, un peu luifant, chair médiocrement ferme, peu de goût, point mauvais. *Fungus.* Pl. 12. f. 3 , 4.

AuJardin Royal. Novembre.

* *h.* Gris de fouris. *Fungus.* Pl. 12. f. 1 , 2.

A l'Etang Renard. Août.

* *c.* Minimes, fondants, à chapeau minime foncé, lames gris de fouris, pivot gris blanc, creux, peu de gout, affez bon. *Fungus.* Pl. 12. f. 5 , 6.

Au Jardin Royal. Novembre.

(*D*)

Chapeau à mammelon.

18. Champignon mammelu.

* *a.* Incarnat, à chapeau couleur de chair clair, pivot en quille, creux, chair blanche, tendre & caffante, bon goût. *Fungus.*

A Verfailles. Septembre.

* *b.* Couleur de cannele, à chapeau gerfé, & comme rayé, chair blanche & tendre, point mauvais goût. *Fungus.*

A Verſailles. Septembre. Octobre.

* *c.* Blanchâtre, en forme de mam-
ielle avec ſon mammelon, chapeau
iince, rayé, lames cendrées, un peu
ıuſſies; goût paſſable. *Fungus.*

A Verſailles. Septembre. Octobre.

N. B. Il ſe deſſeche ſans pourrir,
ıı vieilliſſant.

* *d.* Tout gris, luiſant & ſatiné.
ʼungus.

A Verſailles.

* *e.* Couleur de bois, gluant. *Fun-
us.*

A Verſailles.

* *f.* Iſabelle, à chapeau drapé &
ıſtré, chair blanche, ſeche & min-
e; aſſez bon goût. *Fungus.*

A Verſailles. Septembre.

* *g.* Iſabelle, pivot court. *Fungus.*

A Verſailles. Septembre.

* *h.* A navet, chapeau membraneux,
gluant, tranſparent, lames très blanches, arquées, pivot dur, en navet;
aſſez bon goût. *Fungus.*

A Verſailles. Août.

* *i*. Petit-gris , à chapeau très min-ce, tranſparent, pivot long, liſſe, creux, fondant ; point mauvais goût. *Fungus.*

A la Vallée-Renard. Septembre.

* *l*. Rouſsâtre , à chapeau chargé de duvet ſur les bords ; chair blanchâtre, ferme ; goût fade. *Fungus.*

A Verſailles. Septembre.

* *m*. Tout roux , chair ferme. *Fungus.* Pl. 13. f. 10, 11, 12.

A Marly.

* *n*. Citrin , tout couleur de citron. *Fungus.* Pl. 12 , 13 , 14.

* *o*. Tout brun. N.

* *p*. Minime , bout du mammelon très bien formé , pivot long & tor-tueux. N.

A Villedavray.

19. Champignons mammelus , en ſo-ciété.

* *a*. Livides , à chapeau châtain , li-vide , mammelon roux , entouré d'un cercle blanc - ſale , pivot creux , grêle ,

garni d'une bande annulaire, en peignoir, substance blanche & ferme; odeur & goût peu agréables. *Fungus.*

A Versailles. Juin.

* *b.* Godroné, à chapeau couleur de bois, taillé en birette de Jésuite, goroné sur ses bords, mammelon orané. *Fungus.*

A Versailles. Juin.

(E)

Chapeau plat.

20. Champignon plateau :

* *a.* Brun, à chapeau gersé, chair blanche, mollasse, goût un peu poiré. *Fungus.*

A Villedavray. Septembre.

* *b.* Rouge.

* *c.* Couleur de lie de vin.

* *d.* Couleur de chair.

* *e.* Jaunâtre, de moyenne taille, lames olivâtres, fort serrées, pivot en tuyau de plume. *Fungus.*

A Versailles. Août. Septembre.

* *f.* Bouclier, rouge. *Fungus.*

A Belleville.

* *g.* Jaune.

A Vincenne.

* *h.* Petit bouclier. *Fungus.*

N B. Celui-ci passe pour très pernicieux.

* *i.* Tabac d'Espagne, à chapeau mince, cannelé, pivot tendre, luisant; peu de goût, assez bon. *Fungus.* Pl. 11. f. 16, 17, 18.

Au Jardin Royal.

* *l.* Toile d'araignée, à chapeau gris, plissé, couvert de duvet par floccons, lames noirâtres. *Fungus.*

A Versailles. Septembre. Octobre.

21. Champignon-plateau, en société.

Orangé gluant, à lames serrées, pivot creux, velouté; chair blanche & ferme : goût un peu sucré. *Fungus.* Pl. 12. f. 8, 9.

Au Jardin Royal. Novembre.

22. Champignon aigrelet, à chapeau chatain, mince, aplati, bords roulés en dessous, un peu sillonés & velus,

lames

lames jaunâtres, pivot gros & court ; goût aigrelet. *Fungus.*

A Versailles.

(F)

Chapeau retrouſſé par ſes bords.

23. Champignon blanc, à chapeau retrouſſé. *Fungus.*

A Vincenne.

24. Champignon vivace, à chapeau ferme, roux, avec des cercles blanchâtres, bords frangés, d'abord roulés en deſſous, puis relevés : lait gluant & fort poivré. *Fungus.* Pl. 12. f. 7.

A Verſailles. Août. Septembre.

25 Champignon-tifoïde, à chapeau très mince, d'abord ovale, pluché, & étagé, puis étendu en paraſol & roulé en volute, pivot creux, en quille, avec un collier : goût aſſez bon d'abord, mais le tout paſſe bientôt du blanc au noir, & ſe réſout en eau comme de l'encre d'une odeur cadavereuſe. *Fungus.*

A Verſailles. Septembre.

Tome II.   X

26. Champignons retrouffés, en fo-
ciété, à chapeau très mince, gris-cen-
dré, puis livide, pivot blanc & creux,
qui étant fendu fe frife comme du cé-
leri. Le tout paffe vîte, & fe réduit en
une eau noire, qui tache comme l'encre : bon goût. *Fungus.*

A Verfailles. Août. Septembre.

(G)

Chapeau enfoncé en fon milieu.

27. Champignon enfoncé.

* *a.* Bronzé, plein d'un lait poivré.
Fungus.

A Lucienne. Septembre.

* *b.* Blanc fale, à chapeau enfoncé
à fon centre en nombril, bords dentelés, pivot en cheville : beaucoup de
lait poivré. *Fungus.*

A Marly. Août.

* *c.* Chapeau rouge, couleur d'œufs
de Pâque, en parafol ouvert, avec un
petit nombril ; chair friable, fort fu-
jette aux vers : goût de moutarde. *Fun-*
gus.

A Versailles. Septembre.

* *d.* Gluant, à chapeau jaune d'oré, d'abord conique, puis plat, puis en nombril : goût fade, de gelée. *Fungus.*

* *e.* Jaune de gomme gutte.

* *f.* Ponceau, souvent découpé sur les bords.

A Versailles. Septembre.

* *g.* Calepin, blanc de lait, à chapeau très mince, rayé, & taillé en bossete, avec un petit enfoncement en nombril à son centre. *Fungus.*

A l'Etang Renard. Août.

* *h.* Tout noir, à chapeau très mince, avec un enfoncement en nombril : goût désagréable & nauséabonde. *Fungus.*

A la Vallée - Renard. Août. Septembre.

28. Champignon soucoupe, blanc-sale, mêlé de roux : goût peu agréable. *Fungus.*

Octobre.

29. Champignon-godet, gris, satiné, très mince, goderoné & échancré,

doublé de lames peu ferrées, & frifées : fort fujet aux vers. *Fungus.*

A Verfailles. Septembre.

30. Champignon entonnoir.

* *a.* Grand, blanc, un peu lavé de purpurin, velu, cati, bords d'abord roulés en-deffous, puis relevés en pavillon d'entonnoir : beaucoup de lait fort brulant. *Fungus.*

A Verfailles. Septembre.

* *b.* Moyen, tout blanc, à chapeau creux, pivot mollaffe, baroque, renflé, tortu, aplati, ou filloné : affez bon goût, mais fort indigefte. *Fungus.*

A Verfailles. Novembre.

* *c.* Brun - livide, à chapeau très mince, creufé en entonnoir, & fillonné en rayons, pivot creux : affez bon goût, *Fungus.* Pl. 14. f. 1, 2, 3.

Au Jardin Royal. Novembre.

* *d.* Des marais, à chapeau blancfale, fort mince, un peu creufé en entonnoir, doublé de feuillets fort

ferrés & à ramages : goût paſſable.
Fungus.

Le chapeau eſt quelquefois gode-
ronné, & découpé en lobes qui ſe re-
couvrent.

A l'Etang-Renard. Septembre.

31. Champignon didime, à chapeau
châtain-clair & luſtré, bords cotoneux, d'abord roulés en-deſſous, puis
tellement relevés qu'il ſemble creuſé
en trémie; chair épaiſſe : goût d'abord
aigrelet, puis fade. *Fungus.*

A Satauri. Septembre.

* *a.* Irrégulier & jumeau.
* *b.* Gris de ſouris.
* *c.* Accouplé, gris-blanc, à pivot
en cheville crochue. N.

A la Meute.

32. Champignon à quille, très petit
chapeau, gris cendré, lames gris-de-
ſouris, pivot conique, luiſant & comme tranſparent. *Fungus.*

Septembre.

X iij

G U D I N.

Chapeau orbiculaire , doublé en-deſſous de lames convergentes au cen-tre , & attaché par le bord à un petit pivot.

1. Gudin cotoné , à chapeau blanc, lames vermeilles , le chapeau & le pivot fort chargés de duvet blanc. N.
Trouvé en quantité dans le chantier de MM. Gudin, en 1766.

B I H E R O N.

Chapeau orbiculaire , concave en-deſſus , convexe en-deſſous.
La concavité doublée de lames con-vergentes.
La convexité revêtue d'une pellicule un peu cotoneuſe , & froncée à ſon centre , pour former une ſorte de pe-tit pivot.
1. Biheron ſimple , à chapeau blanc, lames vermeilles. N.

Trouvé en quantité dans un chantier de bois blanc, le 16 Octobre 1766, par Mlle Biheron.

* *a.* Groupé. N.

N. B. C'eſt certainement la même eſpece que le Gudin. L'un eſt une variété accidentelle de l'autre.

DEMION.

Chapeau demi-orbiculaire, doublé en-deſſous de lames convergentes au centre, & attaché par le côté, ſans tige.

Subſtance charnue & dure.

1. Démion pétonglet, en forme de pectongle, à lames fourchues, poudreuſes. *Fungus.* Pl. 10. f. 7.

Sur l'Aulne.

2. Démion à crête, gris-blanc. *Agaricus.*

? Bottin.

PIPETE.

Tête oblongue, verticale, ſommet évidé.   X iv

Petit pédicule horizontal.

1, Pipete brune. N.

Sur mon fumier en 1761.

N. B. C'est certainement une variété accidentelle du Champignon-
Tiarre.

C H A N T E R E L L E.

Les lames, dont le chapeau est doublé , ne semblent que des entailles fai-
tes dans sa substance même , & plus
ou moins ramifiées.

1. Chanterelle torse , anguleuse &
tailladée , couleur de jaune d'œuf :
gout piquant. *Fungus.* Pl. 11. f. 15.

A Vincenne. Juillet.

2. Chanterelle en entonnoir , petite , jaunâtre , pivot aplati & creusé
de deux sillons , peu réguliers. *Fungus.*
Pl. 21. f. 9 , 10.

A Versailles. Août.

3. Chanterelle endivée , dont le chapeau à maturité se découpe par feuillets, gris-de-souris. *Fungus.* Pl. 11. fig.
11 , 12 , 13.

A Versailles. Août.

4. Chanterelle branchue. N.

S I N C L O U.

Chapeau orbiculaire , doublé en-dessous de sillons irréguliers.

Point de pivot.

Substance dure.

1. Sinclou-sesie , brun , attaché par dessous au centre seulement. *Agaricus.* Pl. 1. fig. 1 , 2.

A Saint Cloud.

2. Sinclou-serde , très noir , attaché par toute sa surface inférieure. *Agaricus.* Pl. 1. f. 3.

A Saint-Cloud.

D E D A L I N.

Chapeau demi-orbiculaire , doublé en-dessous de sillons irréguliers.

Point de pivot.

1. Dédalin fauve. N.

Trouvé à Fontainebleau sur un chê-ne, en Septembre 1766, par M. Giraud.

X v

S E N A R D E.

Couche fongueuſe, irrégulierement ſillonnée.

1. Senarde fauve. N.

Trouvée ſur une branche pourrie, dans la Forêt de Sénar près d'Ormoi, le 18 Octobre 1766.

R U C H I N.

Chapeau orbiculaire, de deux couches bien diſtinctes.

Chair épaiſſe, doublée de tuyaux.

Pivot épais.

1. Ruchin. Ceppe, à grand chapeau orbiculaire. *Fungus*.

A Verſailles. Septembre.

* *a*. rougeâtre. *Fungus*.

A Montmorency.

2. Ruchin chagriné, à chapeau orangé, pivot en quille, blanc, velu & pannaché : bon goût. *Fungus*.

A Montfort. Août.

3. Ruchin-châtain, à tuyaux citrins,

pivot en quille, chair blanche, qui rougit presqu'aussitôt qu'on la coupe. *Fungus.*

A Versailles. Août. Septembre.

* *a*. Déchiqueté. Pl. 14. f. 6, 7, 8.

* *b*. Branchu.

4. Ruchin-lie de vin, à chapeau pourpre-sale, tuyaux citrins. *Fungus.*

A Montfort. Août.

5. Ruchin-truité, à chapeau blanc-sale, tacheté de brun, tuyaux soufrés, pivot en quille. *Fungus.*

A Montfort.

6. Ruchin-pain d'épice, à chapeau lisse, glaireux, jaune - roux, tuyaux citrins, pivot renflé, chair blanche, d'où il distille un suc blanchâtre. *Fungus.*

A Ruelle.

* *a*. Brun. *Fungus.*

A Montmorency.

7. Ruchin maroquiné, à chapeau sale, tuyaux courts, pivot en toupie, chair ferme & blanche, qui bleuit aussi-

fitôt qu'on la déchire. *Fungus.*

A Fontainebleau.

* *a.* Chapeau fafrané , chair jaune-verdâtre , qui fe teint en-verd-de-gris-fale auffitôt qu'on l'entame.

8. Ruchin vermineux , à chair conf-tamment blanche, du refte très fembla-ble au précédent; chapeau chatain , fort fujet aux vers dès fa naiffance. *Fungus.*

A Verfailles.

9. Ruchin minime , à petit bonnet , brun minime, long pivot en quille. N.

A Villetaneufe.

10. Ruchin brun-olivâtre, pivot rou-geâtre , en forme de fangfue. N.

11. Ruchin rabougri, à chapeau affez irrégulier , couleur de bois , tuyaux rouges , pivot en navet. N.

12. Ruchin foufré , tout jaune de foufre , orifices des tuyaux taillés en bifeau. N.

13. Ruchins affociés , jaunes , perni-cieux , venant fous les Pins. *Fungus.*

A Ruel.

J A C.

Plaque fongueufe & fpongieufe, compofée de deux couches: la premiere & prefque la feule apparente eft formée d'une infinité de petits tuyaux ; la feconde beaucoup plus mince eft une fubftance fine & mollete comme de l'amadoue, appliquée à la furface de quelque corps étranger.

N. B. On peut regarder ce genre de plante, comme un Agaric, à qui un corps étranger tient lieu de calote.

1. Jac fur bois, par maffes plus ou moins épaiffes. N.

* a. Sur papier, par bandes irrégulieres ; dans les unes les tuyaux font terminés rondement en tuyaux de ferinete ; dans les autres les orifices des tuyaux font taillés en bifeau, ou en bec flute. N.

Au Jardin Royal, aux chaffis des ferres.

Trouvé par M. Jacques Pallé.

B o t t i n.

Chapeau irrégulier, doublé en deffous de trous, ou tuyaux.

Pivot irrégulier.

Subftance affez dure.

Chapeau & pivot encuiraffé.

1. Botin demi - orbiculaire, à pivot
fourchu, ordinairement lardé de feuilles de chiendent. N.

Au Bois de Boulogne, en Oct. 1760.

* Pivot branchu. N.

* Pivot fimple. N.

* Pivot tortu, inferé au bord du chapeau. N.

A g a r i c.

Chapeau demi-orbiculaire, doublé
en-deffous de trous, ou tuyaux.

Parafite, fans pivot.

Subftance affez dure.

1. Agaric-amadouvier, liffe, en couf-
finet, comme un fabot de cheval, à
tuyaux très fins. *Agaricus.*

A Saint-Germain.

2. Agaric d'Iris , plat , chamarré de bandes circulaires de diverses couleurs. *Agaricus.*

3. Agaric polipeux N.

4. Agaric embriqué majeur. N. Trouvé à S. Severin , par Mademoi_felle Biheron ; je le conserve modelé par elle même.

5. Agaric feuillé , représentant des cornes de daim. *Agaricus.*

ERINACE.

Chapeau orbiculaire, doublé en def-fous de piquans , ou dents pointues.

Pivot central.

Substance charnue.

1. Erinace chantourné , à chapeau convexe , liffe , inégalement retrouffé , jaune-pâle. *Fungus.*

A Marly.

MORILLE.

Chapeau conique, uni en deffous , à réfeau calleux en deffus.

Pivot central, ridé, creux.

Subftance charnue.

1. Morille de Comus, à chapeau ridé, celluleux, blanchâtre, faupoudré de fuie. *Boletus.*

A Saint-Maur.

* *a.* Fauve.

* *b.* Chapeau noirâtre, relevé.

* *c.* Chapeau jaunâtre, feuilleté, fur un gros pivot.

2. Morille de Priape, à chapeau blanc, celluleux, percé à fon fommet, qui jette un lait puant, pivot fortant d'une toilette, à deux ou trois lames membraneufes. *Boletus.*

A Verfailles.

GELATIN.

Chapeau fans doublure, ordinairement anguleux, centre enfoncé en nombril, bords retournés en deffous, tumefiés & découpés en trois ou quatre quartiers, arrondis.

Pédicule, aplati, fillonné d'un côté,

& pointillé, ou chagriné à la superficie.

Subſtance comme gelatineuſe.

1. Gelatin jaune, livide & gluant. *Fungus*. Pl. 13. f. 7 , 8 , 9.

A Marly, en Août.

2. Gelatin incarnat, très petit, chapeau & pivot bien formé. N.

Trouvé par M. Giraud.

3. Gelatin-lie de vin, à chapeau difforme, & pivot informe. N.

En quantité ſur les planches qui couvroient mon puits en 1766.

PATILE.

Chapeau liſſe, demi orbiculaire, horizontal, attaché par le côté, ſans tige.

Subſtance gelatineuſe.

1. Patile. *Agaricus*. Pl. 1. f. 4.

PEZI.

Tête concave en-deſſus, ou en cloche, ou en poire renverſée.

Subſtance charnue, coriace, ou gelatineuſe.

1. Pezi-trombete, en corne d'abondance, mince, coriace, creux jufqu'à fa
bafe. *Fungoïdes*. Pl. 13. f. 2, 3.

A Marly.

2. Pezi ciboire, brun, à bafe pliffée
& allongée, furface extérieure, à nervures ramifiées. *Fungoïdes*. Pl. 13. f. 1.

A Verfailles.

3. Pezi cupule, en calote de gland,
blanc-rouffâtre, à bords crenelés : il prend
par la fuite la forme de l'oreille de Judas. *Fungoïdes*. Pl. 11. f. 1, 2, 3.

Au Luxembourg, en quantité fur du
fumier, en 1760.

4. Pezi chaton de bague, orangé,
bords hériffés de cils. *Fungoïdes*. Pl. 13.
f. 13, 14.

5. Pezi-oreille de Judas, en coquille,
à anfractuofités irrégulieres. *Fungoïdes*.
Pl. 11. f. 8.

A Verfailles.

6. Pezi cramoifi. *Fungoïdes*.

7. Pezis orangés, en troupe, très
grands, & ridés à leur bafe. *Fungoïdes*.

Au Jardin Royal.

Trouvés par Vaillant, à Marly en 1707. Ne seroit-ce point des Veſſelou?

B O U F F E T E.

Aſſemblage de pluſieurs lames pliſſées froncées & réunies enſemble par le bas.

1. Bouffete, d'abord jaune & tendre, puis noirâtre & coriace.

Trouvée en 1767, au jardin de M. Verdier, ſur un tronc d'arbre mort.

G I R A U D.

Maſſe fongueuſe, mollete, cotoneuſe & ſpongieuſe, qui ſe termine à ſa circonférence en fibres oblongues, comme une infinité de vermiſſeaux, ou de papilles mammillaires.

1. Giraud, blanc en dedans, pointes des papilles jaunâtres, en forme de trufe, d'environ quatre pouces ſur trois. N.

Trouvé à Ville d'Avrê, en Octobre 1766, par M. Giraud.

VESSELOU.

Boulete recouverte d'une peau épaisse, qui s'ouvre irrégulierement par son sommet.

Substance spongieuse.

1. Vesselou vulgaire. Vesse de loup, dont le sommet se déchire à maturité. *Lycoperdon.*

A Vincenne.

** a.* Blanche, à tête aplatie, base froncée. *Lycoperdon.*

A Auteuil.

** b.* Superficie maroquinée, & déchiquetée. *Lycoperdon.*

A Marly.

** c.* En ballon de chimiste. *Lycoperdon.* Pl. 12. f. 15.

** d.* En bulbe d'oignon. *Lycoperdon.* Pl. 16. f. 5, 6.

A Marly.

** e.* En poire, & couvert de verrues. *Lycoperdon.* Pl. 16. f. 4.

A Fontainebleau.

f. En petite poire allongée, & couvert de verrues. *Lycoperdon* Pl. 12. f. 16.

2. Veffelou orangée, ronde, à bafe froncée, & allongée en pivot, & qui fe creve en lobes échancrées. *Lycoperdon.* Pl. 16. f. 9.

Au Jardin Royal.

* *a.* Petite. *Lycoperdon.* Pl. 16. f. 10.

3. Veffelou. Geaftre, à tête liffe, bords pointus, dentelés, bourfe ouverte, fort découpée. *Lycoperdon.*

A la Porte-Mayau.

4. Veffelou à foupirail, tête fphérique avec un foupirail uni, portée fur un long pivot. *Lycoperdon.*

Au Jardin Royal.

5. Veffelou - maffete, jaunâtre, en maffue, fiftuleufe. *Fungoïdes.*

6. Veffelou écailleufe, ronde, jaune-verdâtre, pointillée de brun, coriace, pofée fur un pivot ; pernicieufe. *Lycoperdon.* Pl. 16. f. 7, 8.

7. Veffelou - hautmontée, à pivot long, renflé. *Lycoperdon.*

8. Veſſelou à toilete, pivot ſortant, d'une toilette. *Lycoperdon.*

A Montboron.

9. Veſſelou - ſphérique , gris - de-ſouris , ſans pédicule. N.

Trouvé à Gentilly, en 1766.

10. Veſſelou en troupe , ſphérique. *Lycoperdon.*

A Vincenne.

* *a.* Ovale. *Iycoperdon.*

L O U P E T.

Boulette arrondie.
Ecorce un peu chagrinée.
Subſtance charnue.

Pivot court & groſſier , de même ſubſtance.

1. Loupet rouillé , noirâtre en de-hors & en dedans. N.

Trouvé en quantité par Mlle Bihe-ron, en Octobre 1766 , ſur de vieilles buches de hêtre.

? *Tubera cervina.* C.B.

? *Lycoperdaſtrum.* 10. Mich.

TRUFE.

Souterraine.

Boulette ronde, ou ovale.

Ecorce ridée de tubercules en pyramides, qui s'ouvrent quelquefois à
deux battans.

Subſtance charnue, diviſée en cel-
lules pleines.

1. Trufe. *Tuber.*

CLAVAIRE.

Tige ſimple, en forme de maſſue,
ou de pilon.

1. Clavaire-pilon, très ſimple, creuſe; ſe fend par le haut. *Clavaria.* Pl.
7. f. 5.

A Verſailles.

2. Clavaire guerriere, à tête écail-
leuſe, ſafranée. *Clavaria.* Pl. 7. f. 4.

A Verſailles.

3. Clavaire oſigloſſere, aplatie, ob-
tuſe. *Clavaria.* Pl. 7. f. 3.

A Montreuil.

T O U I N.

Groupe fort ferré de très petites quilles fongueufes.

1. Touin rouge :

Trouvé fur un vieux faule à Gen-tilly , au mois de Juin 1766 , par M. Touin.

M A N I N E.

Tige rameufe.

Subftance fongueufe.

1. Manine galinole. Barbe de cha-mois, en buiffon , jaunâtre. *Corallo-fungus*. Pl. 8. f. 4.

* *a*. Blanchâtre. *Corallo-fungus*.

* *b*. Lavée de pourpre. *Corallo-fun-gus*.

* *c*. Très blanche. *Corallo-fungus*.

2. Manine en palmette , noire. *Co-rallo-fungus*.

* *a*. Noire , à pointes blanches. *Co-rallo-fungus*.

Au Jardin Royal.

* *b*. Noire ;

* *b*. Noire, à pates de griffon. N.

3. Manine grifette, fafranée, très déliée par le bas, divifée par le haut en forme de ferres d'oifeau. *Corallo-fungus*. Pl. 8. f. 3.

A Verfailles.

4. Manine en preffe, ferrée & traçante entre l'écorce & le bois des arbres morts. *Corallo-fungus*.

A Verfailles.

SECTION SECONDE, ET DERNIERE.

DOUVETTE.

Subftance un peu graffe, cotoneufe, très fine, fe flétriffant aifément.

Grimpante, en lames minces, & nervures ramifiées.

1. Douvette-Negefile, très blanche, à grands ramages foyeux, chantournés, & terminés par de gros flocons, comme du duvet de cigne. *Corallo-fungus*.

Tome II.   Y

Sur les portes & cloisons des caves.

NOSTOC.

Membraneux, feuillé, gélatineux, transparent.

1. Nostoc des soufleurs , plié , ondoyant , peu durable. *Nostoc.*

Aux Tuileries.

2. Nostoc-lichenot, à feuillets droits, plats , bords frisés & déchiquetés. *Nostoc.*

3. Nostoc granulé , vermeil.

A Berny.

4. Nostoc parasite , moins gluant, blanchâtre. *Nostoc.*

* *a.* Noirâtre.

* *b.* Jaunâtre. *Nostoc.*

5. Nostoc oreillete , gris , ayant un de ses bords rabatu. *Fungoïdes.*

6. Nostoc verruqueux. *Fucus.*

FUC.

Membrane vesiculaire.

1. Fuc-boyau. *Fucus.* Pl. 10. f. 3.

FERVALÉ.

I   Fibres simples, filamenteuses, uni-
formes.

1   1. Fervale des ruisseaux, à filamens
très longs, sans nœuds. *Conferva.* 1.

2   2. Fervale reticulaire, à filamens
anastomosés en réseau. *Conferva.*

A Gentilly,

3   3. Fervale pelotée, à filamens noueux,
fort ramifiés en buisson. *Conferva.*

* Filamens courts. *Conferva.*
A Gentilly.

EPONGE.

Tissu filandreux, en consistance de
drap.

1. Eponge de riviere, branchue, &
pleine de graines. *Spongia.*

CORALLINE.

Tiges nues, longues, grêles, pointues, articulées, ou composées de fa-

langes en forme de bobines, enfilées par une fibre très déliée, qui regne d'un bout à l'autre.

Subſtance croquante.

» Goût de marécage.

» La racine forme une eſpece de » plaque.

1. Coralline de riviere, à pluſieurs tiges, ſans branches, d'un verd - pâle. *Corallina.* Pl. 4. f. 5.

Dans la Seine.

1. Coralline des fontaines, branchue, verte, gluante. *Corallina.* Pl. 7. fig. 6.

A Lagny, dans la ſainte Fontaine.

Fin du Tome ſecond.

ERRATA

Du Tome second.

Pag. 2 l. 6, annelle, *lifez* annuelle. P. 5 l. 6, aîlées, *lifez* ailées. P. 7 l. 14, aîles, *lif.* ailes. P. 7 l. 24, *Caltha.* lif. 1. Souci *Caltha.* P. 25 l. 14, côtés, *lifez* côtes. P. 45 l. 13 *aj.* au nouveau Boulevard. P. 51 l. 6, collerete, *lifez* corollete. l. 14, colleretes, *lifez* corolletes. l. 22 colleretes, *lifez* corolletes. P. 53 l. 13, formée, *lifez* formé. l. 17, déchiquetés, *ajoutez* colleretes en alenes. P. 58 l. 3 *Anmi*, l. *Ammi.* P. 56 l. 12, dentelés, *lif.* dentés. P. 68 l. 16, 1, *lifez* 2. P. 104 l. 4 fleur, *lifez* fleurs. P. 114 l. 5, 1, *lifez* 3. P. 120 l. 15, Tormentille, *lifez* 1. Tormentile. P. 150 l. 12, arbr. *lifez* arbufte. P. 165 l. 2, *Mellotus*, lif. *Melilotus.* l. 24 fleur, *lifez* fleurs. P. 168 l. 6, aj. *Pifum.* P. 174 l. 2, 8, 13, Arb. *lifez* Arbuft. P. 182 l. 6, propre, *lifez* propres. P. 182 l. 4, Arbr. *lifez* Arbuft. l. 12, *Belladona*, aj. 1. Beldone. *Belladona.* P. 193 l. 12 *Afperugo.* aj. 1. Rapette. *Afperugo.* P. 210, l. 5, » Feuilles axillaires, *lifez* » Fleurs axillaires » Feuilles. l. 6, *Gratiola*, lifez 1. Gratiole. *Gratiola.* P. 217 l. 8, *Pinguicula*, lifez 1. Graffete. *Pinguicula.* P. 227 l. 6, *Marrubium*, lifez 1. Marrube. *Marrubium.* P. 226 l. 8, *Lavandula*, lif. 1. Lavante. *Lavandula.* P. 231, l. 8 *Origanum*, lifez 1. Origan. *Origanum.* l. 18, *Meliffophyllum*, lif. 1. Meliffiere. *Meliffophyllum.* P. 243 l. 6, *Meliffa*, lif. 1. Meliffe. *Meliffa.* l. 22, Arbr. *l.* Arbuft. P. 243 l. 8, *Buxus*, lifez 1. Buis. *Buxus.* P. 251 l. 6, découpés en ailes, *lifez* orbiculaires découpées en cinq fegmens refendus en trois. P. 254 l. 5, 16, Arbr. *lifez* Arbuft. P. 255 l. 2

Arbr. *lisez* Arbuft. P. 261 l. 3 , Arbr. *l.* Arbuft.
P. 262 l. 6 , *eff.* violete. P. 268. l. 5 , Amigdanli, *lisez* Amigdalin. l. 14 , Arbr. *l.* Arbuft.
P. 285 l. 12 » *lisez* *. P. 287 l. 16 , 1. *lisez* 1.
P. 292. l. Arbr. *lif.* Arbuft. P. 300 l. 1 , *eff.* (A)
P. 307 l. 10 , oges, *lisez* loges. P. 308 l. 17 ,
Verbena. lif. 1. Vervene. *Verbena.* P. 313 l. 15,
fix , *lisez* cinq. P. 314. l. 4 , *aj.* A Seve. P. 317
l. 9 , corimbe , *ajoutez* Dame d'onze heu-
res. P. 318. l. 6 , *aj.* 5. Scille bifeuille , à
peu de feuilles affez droites, bleues. *Scilla bifo-
lia.* Au petit bois du Jardin Royal. P. 326 l. 9 ,
Arbr. *lisez* Arbuft. P. 347 l. 8 , vulgaire, *lisez*
vulvaire. P. 363. l. 1 , une , *l.* une grande, une.
P. 354 l. 16, C ALLITRC , *lisez* CALLITRIC.
P. 366 l. 24, Lentile , *lisez* Lenticule. P. 373
l. 5 & 6 , élancées , *ajoutez* dentées. P. 380
l. 3 , élancées, *lisez* élancés. P. 387 l 2 , à ,
lisez à deux. P. 399 l. 6 , bafe , *lisez* balle.
P. 483 l. 18 , A Boulogne , *lisez* fur les murs des
jardins. P. 421 l. 4 , 5. *lisez* 1.

Article à ajouter à la pag. 239 du Tom. II.

L I C O P E.

Corolle unipétale irréguliere, à gueule béante, fendue en quatre fegmens, dont le fupérieur
eft le plus grand, & l'inférieur le plus petit.

Calice en tuyau à demi fendu en cinq lanieres étroites.

Deux étamines.

Quatre femences au fond du calice.

1. Licope liffe , à feuilles ondées, dentées en
fcie, liffes. *Lycopus.*

a * Velu.